果寡糖在水产养殖中的应用研究

张春暖 齐 茜 王冰柯 著

U0294118

中国农业出版社
农村读物出版社
北 京

前　言

　　近年来，随着集约化、高密度养殖规模的不断扩大，环境污染越来越严重，水产养殖面临着严峻的考验；同时，水产动物容易遭到各种外部因素引起的应激；另外，病原菌的滋生，使疾病暴发频率越来越高，病害已成为制约水产养殖发展的主要因素之一。传统的抗生素虽然能够一时地控制疾病，但是关于其副作用的报道也越来越多，比如细菌抗药性增强药效降低、药物残留危害鱼类健康、破坏机体健康、抑制免疫功能。这就要求开展高效、环保型饲料添加剂的研究，探讨其与水产动物之间的关系，研究其作用机理，有效地对抗应激和病毒、病菌带来的负面影响。

　　果寡糖又称低聚果糖，大多数的天然植物中都含有果寡糖，最早研究和使用果寡糖的国家是日本，主要添加在食品和饲料中。在 20 世纪 90 年代，我国才逐步引进果寡糖并作为添加剂添加到饲料中。它不仅有稳定和安全的物理性质，还能够促进有益菌的生长，而抑制有害菌；既能促进胃肠道的发育，又能够增强免疫力，预防疾病发生。近年来，果寡糖在畜禽和水产动物养殖中已经有越来越广泛的应用。

　　笔者所在团队就果寡糖在淡水鱼上的应用开展了大量的工作。在国家自然基金青年基金课题"基于 JAK2/STAT3 通路研究嗜水气单胞菌损伤团头鲂肠黏膜机械屏障的机制及果寡糖的保护机理"，江苏省重点研发项目"高效、绿色饲料添加剂的开发与利用"等的支持下，完成了果寡糖的抗应激功能研究，完成了果寡糖的添加水平和添加模式对团头鲂的生长、免疫和抗氧化的影响研究，完成了果寡糖的脂肪调控作用的研究，并初步探讨了果寡糖和益生菌的复配效果。基于国内科学家的研究成果，结合国际上的研究进展，本书系统性地描述了果寡糖在水产养殖上的研究现状，并对这些研究成果进行了系统的总结。

　　本书是我国果寡糖在水产养殖上研究应用的第一部专著，是对果寡糖在抗应激、促生长、增强免疫和调节脂肪代谢等方面研究的系统性总结，具有很强的学术性、前沿性和实用性。本书对果寡糖作为绿色饲料添加剂在水产上的应用具有借鉴价值，希望本书的出版对绿色饲料添加剂的开发和利用提供参考。

由于作者水平和时间有限，书中难免存在不足之处，敬请各位读者批评指正。

著　者

2022 年 3 月

目　　录

第一章　果寡糖的研究进展

果寡糖（Fructooligosaccharide，FOS）是几个 D-果糖通过 β-1,2 糖苷键联结于蔗糖的果糖上而形成的寡糖。分子式 $(C_6H_{10}O_5)_n$（$1<n<11$）可以用来表示寡糖类物质。果寡糖作为功能性寡糖的代表，在动物体内不能被完全消化，进入消化道后端是以未完全分解的形式存在，能在肠道后端被一些细菌分解或利用，生成短链脂肪酸、蛋白质或维生素等物质（Perdigon et al.，1990），有促生长和调节免疫的作用。并且在促进有益菌增殖、抗龋齿、防肥胖和降低胆固醇积累等方面也起着重要作用。它们不仅在食品、保健品和医药领域有广阔的前景，在农业和饲料等行业也受到越来越多的关注，已有相关的研究证明了果寡糖对水产动物有促生长、增强免疫、调节脂代谢、促进肠道发育、调节微生物和抗应激等生理功能。本书全面地将果寡糖在水产动物上的应用做一总结，为果寡糖在水产动物上的应用提供科学依据。

第一节　果寡糖的定义与来源

一、果寡糖的定义

果寡糖又称低聚果糖，是一种可溶于水、白色、透明粉末状的物质，广泛存在于大多数的植物中。它是一种益生元，具有促生长、增强免疫力和调节肠道微生物区系等作用，目前对果寡糖功能的研究应用不仅在畜禽动物上，而且在水产动物上果寡糖作为新型饲料添加剂也受到了人们的青睐。

二、果寡糖的来源

自然界中果寡糖有广泛分布，其存在形式也多种多样，除了大量的植物果实含有丰富的寡糖类物质之外，一些种子中也含有寡糖类物质。果寡糖广泛存在于香蕉、小麦、大麦、洋葱、黑麦、莴苣等植物中，但商品果寡糖制剂主要通过微生物发酵来生产。溶解性好，溶液无色透明，其溶液的热稳定性受酸碱度影响较大。在中性条件下，120℃时还非常稳定；在酸性（pH 3）条件下，温度达到 70℃后却易分解。纯度为 55%～60% 的果寡糖甜度约为蔗糖的60%，纯度为 96% 的果寡糖甜度约为蔗糖的 30%。

第二节　果寡糖的简介与分子结构

一、简介

果寡糖制剂主要是利用微生物和植物中具有果糖基转移活性酶作用于蔗糖得到的。作为添加剂应用于饲料中主要是果寡三糖（GF2）、果寡四糖（GF3）和果寡五糖（GF4）。它们具有低热、稳定、安全无毒的理化性能，大部分不能被动物本身的消化酶所消化，但到达肠道后可作为有益微生物的营养，但却不能被病原微生物利用，从而促进有益微生物的繁殖和抑制有害微生物。

二、分子式与结构组成

葡萄糖、木糖、半乳糖和果糖是目前公认的组成益生元的单糖，但是其他的单糖是否能组成低聚糖还没得到证实。一分子葡萄糖和一分子 D-果糖通过 β-10，2 糖苷键连接成了果寡糖，分子式用 G-（1，2）-β-F-F$_n$（$n=2\sim4$）表示，其中 G 代表葡萄糖，F 代表果糖，在果寡糖中主要包括了果寡二糖、果寡三糖和果寡四糖，它们的含量分别大概在 35％、55％、10％。

单糖之间的糖苷键是决定益生元在小肠中发酵和消化的重要因素，糖苷键的构型有 α-型和 β-型，从键的位置又分为 1-1、1-2、1-3、1-4、1-5、1-6，其中果寡糖是由 β-1，2 糖苷键构成的。双歧杆菌细胞壁上的呋喃果糖酶对果寡糖的发酵起重要作用。

第三节　果寡糖对动物机体的影响

一、对肠道健康的影响

（一）增加有益菌的数量，抑制有害菌的数量

果寡糖可以为肠道内的有益菌提供大量的营养物质，促进其大量增殖和繁殖，并且果寡糖经过发酵还能产生一些短链脂肪酸，比如乙酸、丙酸等，会使肠道内的 pH 下降，而酸性环境不利于大肠杆菌等一些有害菌的生长和增殖，但是酸性环境对一些有益菌的生长、增殖和繁殖等都是有利的，菌群的改变促进了机体健康，并提高了机体的防病力。在动物的肠道内存在着有益菌和有害菌，机体的健康与它们之间数量的平衡有着密切的关系。当动物肠道中乳酸菌、双歧杆菌等这些有益菌处于优势时，动物机能就处于较好的状态，其生长和生理性能就较活跃；反之，如果有害菌比如大肠杆菌、沙门氏菌处于优势时，动物机体就可能出现问题，比如生长缓慢、免疫力减弱和死亡率上升。研究表明，饲料中添加一定浓度的果寡糖能够促进肠道内双歧杆菌和乳酸杆菌等

有益菌的增殖，并且可以抑制大肠杆菌和其他有害菌的生长。研究表明，果寡糖能明显地抑制有害菌的数量，而选择性地提高了有益菌的数量（Reddy，1999）。Guigoz 等（2002）证实果寡糖在改变肠道菌群变化中也发挥了类似的效果。Mahious 等（2006）对多宝鱼的研究结果表明，果寡糖促进了多宝鱼肠道内芽孢杆菌的增殖，并且指出果寡糖是有益菌唯一可利用的糖源。李平等（2007）研究证实饲料中添加一定水平的果寡糖促进了南美白对虾肠道内特定菌群的增殖。胡彩虹等（2001）报道，猪饲料中添加 5g/kg 的果寡糖，肠道内双歧杆菌的数量增加了 299.49%，乳酸菌增加了 97.4%，添加 7.5g/kg 的果寡糖双歧杆菌和乳酸菌的数量分别增加了 314.81% 和 141.67%。也有报道表明，过多添加果寡糖会造成肠道内有害细菌的芽孢数量增加（Bielecka et al.，2002）。

　　果寡糖影响肠道菌群变化的机制有：①寡糖通过与有害菌的表面物质结合，阻止了这些病原菌在消化道内的吸附和定植；果寡糖发酵或者代谢的产物含有大量的挥发性脂肪酸，会改变肠道内环境的酸碱性和膜电位，对有害菌和致病菌有杀伤作用。②双歧杆菌产生胞外糖苷酶，能使肠道黏膜上皮细胞上的多糖物质发生降解，这些多糖类物质有的是细菌的受体，有的是致病菌产生的凝素，它们的降解阻止了这些致病菌在肠黏膜上皮细胞的吸附。③研究发现寡糖除了为有益菌提供营养物质外，还能通过促进机体分泌黏附素增强寡糖自身与肠道上皮细胞的粘连，这就抑制了部分有害菌在肠道内的定植；有益菌的代谢产物比如丙酸是黏膜代谢的主要能源物质，能够促进细胞形成。由于消化道内缺少消化寡糖的酶，大部分的寡糖在肠道前端不能被消化，要到达肠道后端才发挥其特殊作用，功能性寡糖的结构和肠道中一些病原菌的受体有相似之处，并且寡糖和病原菌表面的几丁质的结合力很强，这就使之更容易与病原菌结合，造成了病原菌没有办法黏附到肠道上，从而使病原菌失去致病力，最后被排出体外。另外有研究证实，每天摄入一定量的果寡糖，经过 2 周后发现双歧杆菌的数量比原来提高了 40% 左右（江波和王璋，1997），这可能是由于果寡糖容易被双歧杆菌利用。寡糖发酵能还产生乙酸和乳酸以及一些抗菌类物质，能抑制肠道内腐败细菌和外源致病菌。双歧杆菌还能与磷脂酸和肠黏膜结合，形成具有保护作用的膜屏障，起到阻止有害微生物入侵的作用。寡糖还能抑制肠道内吲哚、氨等腐败物的产生，这些物质是有害菌比如大肠杆菌和产气荚膜梭菌利用氨基酸转化而成的。每天食用一定量的低聚糖还可抑制肠道内 β-葡萄苷酸酶和偶氮还原酶的活性，这些酶和致癌物质的作用有关。但是，肠道内低聚寡糖积累过多，也会造成腹胀、便秘和腹泻等副作用。

（二）改善肠道内环境和肠道组织形态

　　果寡糖进入肠道后，被微生物降解产生短链脂肪酸和其他利于有益菌生长、增殖的物质。这些物质中的某些可以改变肠道内环境，比如使 pH 降低。有研究表明，在饲料中添加适量的果寡糖可以使肠道 pH 下降 0.5～0.9（Bielecka et al.，2002）。

近年来，果寡糖如何影响肠道组织形态已成为研究的热点。吴阳等（2013）研究发现饲料中添加 0.4% 的果寡糖促进了团头鲂肠道微绒毛的发育，主要表现在试验组微绒毛的长度、密度高于对照组。也有研究报道，鸡饲料中添加适宜水平的果寡糖能显著提高其肠道微绒毛的长度。关于鼠的研究报道，日粮中添加 100g/kg 果寡糖能提高鼠盲肠的重量（Delzenne et al.，1995）。笔者对团头鲂研究的部分结果也证明了果寡糖在促进肠道微绒毛发育方面起的作用，果寡糖在肠道内能够被微生物降解，降解的产物又可以被一些有益菌作为能量物质利用。比如，产生的丁酸盐可以被肠道细胞很好地利用，并对 DNA 的损伤修复起一定的稳定作用，从而促进肠细胞形成，最终使肠道隐窝细胞密度更高，隐窝深度有所加深（Sakata，1987）。同时，由于果寡糖需要在肠道中发酵，肠道内容物在肠道内停留的时间会延长；随着时间的延长，肠道组织结构也会慢慢发生变化，主要表现在肠道黏膜壁增厚、吸收面积增大、肠道组织增生，从而增大了营养物质与肠道接触的表面积并改善了肠道功能，这更有利于肠道对营养物质的消化和吸收。

二、对动物的免疫力的影响

果寡糖对动物机体免疫反应的促进作用在近几年的研究中常被报道。过去抗生素的大量使用造成了一些病原菌耐药性的增强，果寡糖作为一种新型的添加剂应用于饲料中，既能产生有效的作用，又能解决目前养殖过程中出现的问题，为寻求抗生素的替代品提供了选择。果寡糖作为免疫增强剂，能增强机体的免疫功能，提高机体的非特异性免疫应答反应和抗病的能力。在细胞免疫方面，果寡糖能够刺激巨噬细胞，增强淋巴细胞的吞噬作用；在体液免疫反应中，寡糖能够增强免疫活性，促进机体分泌更多的抗体，还能刺激肝脏调节免疫应答，提高机体免疫力。研究表明，饲料中添加适宜水平的果寡糖显著提高了鲤（*Cyprinus carpio*）、虹鳟（*Oncorhynchus mykiss*）和鲈（*Dicentrarchus labrax*）的免疫功能（Staykov et al.，2007；Staykov，2005；Torrecillas et al.，2007）。果寡糖能显著提高拟鲤（*Rutilus rutilus*）血液免疫球蛋白（IgA）的含量和增强溶菌酶的活性（Soleimani et al.，2012）。关于果寡糖在提高水产动物免疫功能的结论在罗非鱼（*Oreochromis niloticus*）和鳇（*Huso huso*）中都有报道（Ibrahem et al.，2010；Hoseinifar et al.，2011）。果寡糖可以促进机体抗体的产生，增强免疫活性和巨噬细胞的吞噬活性，从而起到提高免疫能力的效果（高峰等，2002）。但是，Cerezuela 等

(2008) 研究报道，饲料中添加 5～10g/kg 果寡糖，鲷的免疫活性和机体的免疫功能并无明显提高。添加果寡糖的饲料投喂大西洋鲑（*Salmo salar*），血清的溶菌酶活性并无显著提高（Grisdale-Helland et al.，2008）。可见，果寡糖的添加效果与养殖环境、品种、生活阶段、添加剂的剂量以及投喂模式等有很大的关系。

果寡糖是一种免疫增强剂，它还通过其他途径来发挥作用，比如通过刺激辅助因子，激活机体的免疫应答水平，最终使动物的细胞和体液免疫力都增强。非特异性免疫活性可以通过检测吞噬细胞的活性来衡量（Guigoz et al.，2002）。高峰等（2001）报道，鸡饲料中添加 0.5g/kg 的果寡糖，显著提高免疫细胞比如 NK 细胞、T 淋巴细胞的活性，说明在增强机体免疫力方面果寡糖起到了重要的作用。在猪饲料中添加 1.7g/kg 的果寡糖，喂养一段时间，分析结果显示与对照组相比，血液中甲状腺素、白细胞介素的含量都有显著升高趋势，而白细胞介素在促进 T 细胞、B 细胞、NK 细胞的增殖和分化方面有显著的作用，还能增进抗体的生成，机体的免疫功能有所增加（高峰等，2001）。Savage 等（1996）研究发现，添加果寡糖后，试验组的血清免疫球蛋白的含量与对照组相比有显著提高。另有报道指出，果寡糖在提高机体免疫细胞的吞噬活性、细胞分裂素和白细胞介素的含量等方面有重要作用。

果寡糖提高机体的免疫功能的作用机制可以从几个方面来分析：①增强有益菌比如双歧杆菌的活性，可以激活吞噬细胞的吞噬活力，并且增加对矿物质元素的吸收，还可以增强机体的抗氧化能力，进而增强非特异性免疫功能。②果寡糖的结构和病原菌表面的某些物质结构相似，这样二者就可以相结合，阻止病原菌对机体的入侵，提高免疫应答。③果寡糖有促使肝脏分泌糖蛋白的功能，这些糖蛋白也可以和细菌结合，促进免疫应答水平的提高。④果寡糖能影响内分泌活动，比如一些营养素的吸收率增加能够调控甲状腺素的分泌。另外，机体产生的一些细胞因子也可以间接地调节内分泌活动，分泌的激素又可以调节机体免疫应答。

三、对脂类和蛋白质代谢的影响

寡糖类物质甜度低、热量低，被酶类水解难度大，因此很少能转化为脂肪，并且已有大量研究证实，果寡糖在降血脂和降血压方面起到了很好的作用。Delzenne 等（1995）报道，日粮中添加寡糖，降低了肝脏中脂肪酸合成酶的活性，甘油三酯的含量也有下降现象，肝脏中脂肪的含量降低。Djouzi 等（1997）发现，果寡糖在降低血清胆固醇方面有很好的效果。Kok 等（1998）的试验证实，添加果寡糖后血清甘油三酯和磷脂的水平有下降趋势，肝脏中甘油三酯和磷脂也有降低。王国杰等（2000）试验研究发现，9g/kg 的果寡糖添

加到鹌鹑日粮中，试验 3 周后发现血清中总胆固醇与蛋黄中的胆固醇都明显下降。韩正康等（2000）在鹌鹑上的研究也得出了相似的作用效果，脂肪的吸收、沉积量降低，总胆固醇在血清中含量也明显减少。这可能是由于果寡糖能够促使脂肪从肝脏转移至组织，从而达到降脂的目的，并且肠道内的有益菌比如双歧杆菌和乳酸菌有共沉淀的作用，降低了肠道胆酸的浓度，而排出的胆酸和胆固醇增加；胆酸浓度下降，脂肪酶活性降低，乳化分解饲料中的脂肪就减少，机体吸收的脂肪也减少。脂肪代谢是通过二者之间的协调作用实现的（Gilliland et al.，1985；Rašic et al.，1992）。另外，脂肪代谢受到神经内分泌的调控，比如甲状腺激素、生长激素对脂肪代谢都有调节作用，而果寡糖通过肠道微生物菌群的改变和其代谢产物对神经轴有调节作用，神经轴可以调控激素的分泌，进而调节脂肪代谢；王亚军等（2000）报道，猪饲料中添加适宜水平的果寡糖，血清低密度脂蛋白（LDL）的含量有降低现象。这可能也是因为果寡糖促进了肠道内双歧杆菌的增殖，这会干扰 β-羟基-β-甲基戊二单酰酶 A 还原酶的活性，抑制胆固醇的合成，最终使血清胆固醇的含量也出现降低现象。

果寡糖对氮代谢的调节主要包括对粪氮和尿氮的调节。Younes 等（1998）研究表明，日粮中添加一定水平的果寡糖，盲肠中尿素含量会增加 120%，粪氮占总氮的含量也会增加，血液中尿素氮和肾脏中的氮含量都会减少。这可能是由于果寡糖有促进乳酸菌和双歧杆菌等有益菌增殖的功能，肠道内营养物质的降解、消化和吸收加速，营养物质的利用率提高，蛋白质的合成就增多，肠壁血管中的氮水平就高于肠道内尿素氮水平，从而形成一个氮的浓度梯度，血液的氮会顺着梯度转移到大肠中，导致了粪中氮的增加。另外，肠道内的微生物的新陈代谢是粪氮增加的另一个原因。果寡糖提高动物对蛋白质的消化吸收和利用在之前的研究中已被多次证实。也有研究报道，血液中尿素氮含量的变化可以用来反映机体对蛋白质的利用状况，断奶仔猪的饲料中添加一定量的果寡糖后，尿素氮的水平升高，饲料蛋白分解利用率提高，并且试验组猪的增重率也显著高于对照组，这说明果寡糖在提高蛋白质合成能力方面也起到了重要作用。瞿明仁等（2006）报道，灌注一定量的果寡糖后，瘤胃微生物的含氮量显著提高，功能性寡糖对加速瘤胃中食糜的流动和微生物合成有重要作用，能提高营养物质中氮的利用率。

四、对矿物质的吸收和利用的影响

研究表明，功能性寡糖能促进动物机体对矿物质的吸收。已有报道证实果寡糖能促进钙离子、镁离子、铁离子和锌离子的吸收，减少它们在粪便中的排出量（Delzenne et al.，1995）；Baba 等（1996）报道鼠的日粮中添加果寡糖

后，钙和镁的表观消化率明显有提高；还有报道指出绵羊日粮中添加果寡糖，Ca^{2+} 和 Mg^{2+} 的消化吸收率提高（郭勇庆等，2010），这可能与肠道钙镁结合蛋白的浓度有关。Ohta 等（1995）发现钙的吸收与果寡糖有很大的关系，果寡糖能够增加钙镁结合蛋白的浓度，并刺激肠道细胞对钙离子的吸收（Ohta et al.，1993；Sakata and Sakagucha，1995）；大鼠日粮中添加果寡糖后，肠道对 Ca^{2+}、Mg^{2+} 的吸收率有所提高（Ohta et al.，1993）。果寡糖促进矿物质元素吸收的作用机制可能是以下几个方面：①由于果寡糖发酵后，产生的短链脂肪酸对肠道内一些不溶性钙盐的溶解有很大的帮助，增强肠道对 Ca^{2+} 的吸收作用，并且脂肪酸能降低肠道内的 pH，有利于矿物质的溶解，增强了肠道对矿物质的吸收。②可能与肠道内有益菌的增加有关，肠道内酸性环境意味着氢离子的含量提高，这可以促进它与金属离子之间的交换，从而促进金属离子的吸收。③寡糖的添加有助于保证肠道黏膜发育的完整性，促进肠道的发育，使隐窝内细胞增殖分化加强，这也有利于肠道对金属离子的吸收。

五、对消化酶的影响

大量研究表明，果寡糖能显著提高动物肠道内蛋白酶、脂肪酶和淀粉酶的活性以及 Na^+-K^+-ATP 酶等的活性。肖明松等（2005）报道饲料中添加适宜水平的果寡糖，可以促进肠道和肝胰脏消化酶的活性。拟鲤日粮中添加 2% 或 3% 的果寡糖可以提高肠道蛋白酶、脂肪酶和淀粉酶的活性（Soleimani et al.，2012）。相似的试验结果在异育银鲫和小龙虾的研究都有报道（Xu et al.，2009；Sang et al.，2011）。消化酶主要来自肠上皮细胞的刷状缘，当它上面的上皮细胞成熟、脱落时，细胞里的酶就会进入肠道。肠道内的有益菌比如双歧杆菌和乳酸杆菌及其代谢产物可以使肠道的蠕动加快，使肠道分泌消化酶的能力增强，而肠道内的有害菌比如大肠杆菌和沙门氏菌则会损坏肠黏膜，并且分泌酶使蛋白酶含量减少。果寡糖促进肠道有益菌的增加并抑制有害菌，是从另一个方面来解释果寡糖增强肠道消化酶的活性的作用机制。

六、提高抗应激功能

寡聚糖具有增强免疫力、抗病毒、抗菌、抗应激以及改善生产性能的功能。以前的研究证明寡糖类物质具有防御、减轻和治疗由应激引起的综合征的功效，如运输虹鳟时，添加寡聚糖可增强虹鳟的抗应激能力，非特异性免疫指标下降幅度减小，抗病力增强（Jeney et al.，1997）。对南亚野鲮的研究发现，注射黄曲霉后，投喂含有 β-1,3 葡聚糖的饲料，试验组的死亡率显著低于对照组（Sahoo and Mukherjee，2002）。鲍鱼苗投喂含有 5% 的免疫多糖的饲料，经过 3 个月的养殖试验，发现试验组成活率提高了 66%（张起信等，2002）。

陈云波等（2002）报道虾饲料中添加β-葡聚糖，虾的体长、体重、饵料系数和成活率都有显著提高。因此，寡糖类物质在增强机体抗应激、提高免疫力和抗病力方面有广阔的应用前景。热休克蛋白（HSPs）通常被称为生化应激指示器，是一组存在于多种生物体中的细胞内蛋白，能够针对多种应激而产生响应（Iwama，1998）。Park 等（2020）发现，在日本鳗鲡的饲料中添加果寡糖、甘露寡糖、枯草芽孢杆菌、地衣芽孢杆菌后，发现喂养果寡糖和地衣芽孢杆菌的试验组中益生元与益生菌的协同作用使得 *HSP70/GAPDH* mRNA 的表达明显高于其他对照组，鱼的抗应激能力提高。Singh 等（2019）研究报道，在低 pH 的胁迫下，南亚野鲮饲料中添加果寡糖和循环芽孢杆菌 PB7（BCPB7）试验组中鱼体的皮质醇和 HSP70 水平显著降低，这可能是由于长期应激导致细胞膜结构和肝脏蛋白组成突变，从而终止了 HSPs 的转录。Zhang 等（2015）以团头鲂（*Megalobrama amblycephala*）为研究对象，饲料中添加不同浓度的果寡糖饲养 8 周后，在高氨氮的胁迫下发现，添加了 0.4% 的果寡糖的鱼在 3h 和 6h 时，血浆皮质醇和葡萄糖水平均显著低于对照组；血浆溶菌酶和补体（ACH50）活性以及一氧化氮水平均显著升高，分别在 6h、6h 和 3h 达到最高水平；同时提高了团头鲂的 *HSP*70 和 *HSP*90 基因的表达水平，增强了其对高氨氮胁迫的抗应激性能。此外，Zhang 等（2014）将团头鲂置于34℃的高温胁迫下，发现添加了 0.4% 果寡糖的鱼在 3h、6h 和 12h 的 *HSP*70 和 *HSP*90 基因表达均显著高于对照组，提高了对高温应激的抵抗能力。Azimira 等（2016）在含有酸性乳球菌饲料中添加果寡糖饲喂神仙鱼 7 周，喂养结束后在低温和盐度两种环境的胁迫下，发现与对照组相比，试验组鱼对胁迫的耐受性显著提高，机体的抗应激功能增强，鱼类受到外部刺激引起的生理变化有所减轻。

第四节　使用寡糖的注意事项

一、果寡糖的添加剂量

果寡糖在肠道内不能被完全消化吸收，添加量过少或过多都达不到好的效果。添加量较少时，产生的效果不明显；添加量过高时，不仅会产生腹泻的副作用，还会使成本增加，生产效益降低。因此，果寡糖适宜的添加量对其效果的正常发挥起到非常重要的作用。周志刚等（2007）报道对虾（*Litopenaeus vannamei*）饲料中添加 0.4g/kg 的果寡糖生长性能最好。占秀安等（2003）研究报道，肉鸡饲料中果寡糖的最适添加水平为 4g/kg，当添加 2g/kg 或 6g/kg 时都不能达到好的作用效果。江波等（1997）研究指出仔猪饲料中果寡糖适宜添加量为 3~4g/kg；吴阳等（2013）报道团头鲂饲料中添加量为 4g/kg

时生长性能、肠道消化酶、肠道微绒毛发育效果最好，添加量过多或过少都会对果寡糖的作用效果造成影响。笔者在果寡糖对团头鲂的试验研究中也发现添加0.4%的效果最好，而添加0.8%时效果和对照组无显著差异，作用效果并不好。这可能是因为过量的果寡糖会成为抗营养因子。添加时还应考虑到饲料的组成成分，应根据饲料中原料的组成来确定果寡糖的最适添加量，如大豆类、麦类含有较多的果寡糖，而玉米等其他作物中含量并不高。

二、果寡糖的添加时间

果寡糖在动物机体内需要一个适应过程，不同的动物对果寡糖的适应时间也不尽相同，研究得出在仔猪日粮中添加果寡糖，三周之后才能对生长起促进作用，在前三周则表现为胀气、腹泻等抑制生长的现象（Houdijk et al.，1998）。鲷的饲料中添加葡聚糖，免疫指标比如呼吸暴发活性和杀菌能力都是在第二周达到最大（Ortuño et al.，2002），而吞噬活性在第四周达到最大，不同的免疫指标在投喂添加剂后的不同时间点出现最高值，并且维持时间长短也不尽相同，因此投喂寡糖的时间和持续时间对其效果有重要影响。该研究得出当添加高浓度果寡糖时作用效果很差，但是通过采用间隔投喂的方式，既能发挥较好的效果，又节约了成本。因此，选择合适的添加时间尤为重要。在疾病暴发之前或者容易出现应激的情况下投喂，可以起到预防应激和疾病的作用。

三、果寡糖的作用对象

不同动物的生理状况不同，这就造成果寡糖的添加产生不同的效果。比如断奶仔猪刚断奶时，体内的有害菌大量上升，而有益菌严重下降，造成腹泻等一些疾病，如果选择这个时间段添加果寡糖则效果会更加明显，同时要考虑动物的生长阶段、品种等，这些因素对果寡糖的作用效果也会造成影响。另外，动物生活在不同的环境中容易受到外来因素的影响，饲养环境的改变以及管理方式的不同都会影响机体的免疫状况，比如夏季高温会引起应激，而在这个时候添加一定浓度的寡糖类添加剂是否能够减轻应激带来的危害，这都是应该考虑的问题。

四、果寡糖的使用方式

口服、注射和浸浴是目前使用寡糖最常用的几种方式，注射可以激活急性蛋白和巨噬细胞的作用，从而调节免疫反应，口服和浸浴过程中没有急性蛋白的产生，而是通过中性粒细胞来影响作用效果（Robertsen，1999）。由于作用方式的不同，产生的效果也不尽相同，如在鲷的研究中发现口服、注射和体外试验得出的结果不一样（Esteban et al.，2001；Cuesta et al.，2003）：注射的效果发挥得最快，但是持续时间最短，且应激较大，不易操作，大多数时候都是通过口服和浸浴的方法。

第五节　果寡糖的研究现状

最早开发和应用新型寡糖类添加剂的国家是日本，早在 20 世纪 70 年代就已经开始研制，随着生产规模的不断扩大，目前日本果寡糖的产量、销量在世界上占有举足轻重的分量。后来寡糖类物质在韩国、荷兰、德国、美国等国家也有生产。我国是在 20 世纪 80 年代才开始对功能性寡糖的研究，最初主要是添加在食品中，随着饲料行业中功能性饲料添加剂的不断开发，功能性寡糖也作为主要的对象被研究。

以前人们对糖的利用，主要是作为能量和甜味物质。随着对果寡糖研究的不断深入，发现果寡糖是一种稳定、安全的新型饲料添加剂，它的很多功能最近也受到重视，果寡糖的主要功能是通过改变肠道内有益菌和有害菌的数量，进而改善肠道的健康，抑制肠道内的致病菌并激活机体的免疫系统。随着对果寡糖研究的不断深入，目前已取得了部分成果，但是由于果寡糖自身的结构和来源也比较复杂，大部分潜在的功能和活性需要进一步的研究和开发，以便发挥更大的效应。目前，随着人们的不断研究，果寡糖将在食品、医药、农业等方面有广阔的应用前景。

第二章　果寡糖在水产养殖中
抗应激的应用研究

第一节　高温应激下果寡糖对团头鲂免疫、抗氧化
和热休克蛋白基因表达的影响

团头鲂是我国重要的一种草食性淡水鱼，也是重要的经济鱼类之一。近年来，虽然养殖规模不断扩大，但疾病频发对其产业发展造成了威胁；同时，环境的限制也阻碍了该产业的发展。随着全球变暖，高温产生的应激反应对鱼类生长造成了严重的影响。研究证实高温不但会对鱼类生理、生化指标造成影响（Beitinger，2000），而且过高的温度会抑制其生长并降低其存活率。因此，研究团头鲂高温应激反应的特征和高温应激反应导致的理化指标变化有重要意义（Dominguez，2004）。

以往，一旦疾病暴发，多使用抗生素来解决问题，但是使用抗生素带来了很多负面影响。近年来，使用益生元和益生素来提高水产动物健康性能的报道日益增多。果寡糖是常见的一种益生元，在促生长和增强免疫方面有较好的效果，很多研究也证实了果寡糖这方面的效果（Zhang et al.，2010；Ai et al.，2011；Soleimani et al.，2012；Zhang et al.，2013）。果寡糖的投喂模式在提高鱼类生长性能、免疫力和抗病力方面的作用至今还未见报道。

热休克蛋白是一种能够调节免疫和保护机体的物质，近年来受到广泛的关注。HSP70 和 HSP90 在新生肽折叠和损伤蛋白修复中起到重要作用（Morimoto，1998）。据之前研究报道，当细胞处于应激状态时，比如高温、重金属、致病菌等，会导致热休克蛋白合成的增强（Leppa，1997）。另外，热休克蛋白能够通过多种途径应对应激（DuBeau et al.，1998；Li and Brawley，2004）。高温条件下对鱼类热休克蛋白的作用机制了解较少，并且没有关于果寡糖对 *HSP*70 和 *HSP*90 基因表达影响的报道，考虑到高温条件下团头鲂免疫和抗氧化研究较少，笔者针对高温条件下果寡糖对团头鲂免疫、抗氧化和热休克蛋白基因表达的影响进行了研究，这为更进一步了解鱼类免疫、果寡糖和温度之间的关系提供依据，也为抗应激和预防疾病方面的研究提供指导。

一、试验方法

（一）试验饲料

试验中用到的果寡糖来自日本明治集团，其中有效成分至少 95％，其他成分不超过 5％。基础饲料的组成见表 2-1，蛋白源由鱼粉、豆粕、棉粕、菜粕提供，鱼油和豆油按 1∶1 作为脂肪源，糖源由面粉来提供，0.4％、0.8％的果寡糖逐级添加到基础饲料中。原料先用粉碎机进行粉碎，粒度要过 60 目筛孔，均匀混合后加适量的水，之后进行上机、制粒，饲料在自然温度下风干，在 4℃冰箱中保存备用。

表 2-1 饲料原料组成及营养成分含量

原料		营养组成	
鱼粉（％）	8	水分（干重,％）	12.32
豆粕（％）	30	粗蛋白（干重,％）	33.42
棉粕（％）	16	粗脂肪（干重,％）	6.28
菜粕（％）	16	能量（MJ/kg）	14.26
豆油（％）	2		
鱼油（％）	2		
麸皮（％）	5		
面粉（％）	18		
磷酸二氢钙（％）	1.8		
预混料（％）	1		
食盐（％）	0.2		

注：每千克饲料中含 $CuSO_4 \cdot 5H_2O$，20mg；$FeSO_4 \cdot 7H_2O$，250mg；$ZnSO_4 \cdot 7H_2O$，220mg；$MnSO_4 \cdot 4H_2O$，70mg；Na_2SeO_3，0.4mg；KI，0.26mg；$CoCl_2 \cdot 6H_2O$，1mg；维生素 A，9 000IU；维生素 D，2 000IU；维生素 E，45mg；维生素 K_3，2.2mg；维生素 B_1，3.2mg；维生素 B_2，10.9mg；烟酸，28mg；维生素 B_5，20mg；维生素 B_6，5mg；维生素 B_{12}，0.016mg；维生素 C，50mg；泛酸，10mg；叶酸，1.65mg；胆碱，600mg。

（二）试验鱼及试验设计

试验团头鲂由南京农业大学浦口养殖基地提供，初重为（12.8±0.5）g，试验鱼先驯养 4 周，驯养期间，每天用基础日粮投喂 3 次；驯养结束后，挑选体格健壮、规格一致的团头鲂 360 尾，随机分成 3 组，每组 4 个重复，每个网箱 30 尾鱼。对照组投喂基础饲料（D_1）；第二组投喂基础饲料加 0.4％果寡糖（D_2）；第三组投喂基础饲料加 0.8％果寡糖（D_3）。养殖周期持续 8 周，分别在每天的 7∶00、12∶00、17∶00 投喂。饲养期间，光照采用自然光，温度在（26±2）℃，pH 在 6.5～7.5，溶解氧大于 5mg/L。

（三）高温应激试验

饲养结束后，把鱼转移到水族箱中，稳定 2d 后，用加热棒把水温升至 34℃，每隔 2h 测一次水中的温度，保证其基本稳定，分别于应激前 0h 和应激后 3h、6h、12h、24h、48h 进行采样。每次随机取 3 尾鱼采血，血液放入含有肝素钠的抗凝管中静置 4h 后，3 000g、4℃离心 10min，吸取血清放－80℃保存。另外，快速分离肝脏并放入冰箱保存。

（四）饲料营养成分分析

原料和饲料中的营养成分分析方法如下：

水分用烘箱在 105℃下烘至恒重，具体操作：①将洗干净的培养皿在 105℃的烘箱中烘 1h，取出后冷却称重。②在培养皿中准确称取 10g 左右样品。③将盛有样品的培养皿在 105℃下烘 3h，取出、冷却再称重。④根据样品减少的质量来计算样品中的含水量。

粗蛋白用凯氏定氮仪（Foss，瑞士）测定：①样品的消化。称取 0.2～0.5g 样品，用滤纸包好放入消化管内，加入催化剂、浓硫酸，420℃消化 0.5h 左右直至溶液呈透明的蓝绿色。②放至凯氏定氮仪上进行测定，读出样品中蛋白含量。

粗脂肪用索式抽提器进行测定：①折叠滤纸包好脂肪样品，并在 105℃下烘干，冷却、称其重量。②称取 2g 左右的样品，烘至绝干后，冷却称重。③将脂肪包放入索氏抽提器中，加入无水乙醚，浸泡 12h 后，让其回流 10h 左右，取出风干，然后放入烘箱中烘干冷却、称量、计算。

粗灰分用马弗炉在 550℃下灼烧：①称取 2g 左右的样品，首先在电炉上低温炭化至无烟为止。②然后将坩埚移入高温炉中，在 550℃下灼烧 4h，等冷却后，放入干燥器中并称量计算。

能量用氧弹式热量仪测定。

（五）应激指标分析

皮质醇的测定采用放射免疫检测法，试剂盒购自北京北方生物技术有限公司，具体步骤详见说明书。血糖测定采用葡萄糖氧化酶法，乳酸含量的测定采用对羟基联苯比色法；血糖和乳酸的测定试剂盒均购自南京建成生物有限公司，具体操作详见说明书。

（六）免疫指标分析

溶菌酶用浊度比色法测定。反应底物是用浓度为 0.05mol/L、pH 6.1 的磷酸缓冲液配制的 0.2mg/mL 微壁溶球菌（Sigma 公司提供）悬液。在 530nm 波长下，分别在 0.5min 和 4.5min 测定吸光值（OD_1、OD_2）。活力单位定义为溶菌酶每分钟使菌液吸光值减少 0.001 所需的能力。溶菌酶活性＝（OD_1－OD_2）/（标准 OD_1－标准 OD_2）×标准品浓度（200U/mL）。

用对硝基酚磷酸钠法测定酸性磷酸酶的活性，具体操作步骤：取 $100\mu L$ 血清，加缓冲液 1mL 和对硝基酚磷酸溶液 $100\mu L$，充分混匀后，放在 30℃ 的水浴锅中水浴 10min 后，加入 1mL 0.5mol/L NaOH 溶液，混匀，终止反应，400nm 处测其吸光度值 A，酶活是以每毫升血清每分钟水解底物的酶单位数表示。酸性磷酸酶活性＝（A×3.1）／0.019×（反应液总体积/酶制剂的体积）。

用双缩脲法测定血浆中总蛋白的含量，具体操作：取 $50\mu L$ 的血清，加 3mL 双缩脲试剂后，37℃ 准确水浴 10min，540nm 处读取吸光值，用空白管调零，根据标准品的浓度，计算血清中总蛋白的含量。

IgM 采用 ELISA 的方法进行检测，试剂盒购自南京建设生物有限公司。

用硝酸盐还原酶法来测定血浆中 NO 的含量：先用硝酸盐还原酶将 NO_3 还原成 NO_2，再加入 Griess 试剂和 NO_2 反应生成有色偶氮产物来测定 NO，在 540nm 处测其吸光度值，该方法的线性回归方程为 $Y = 120.8X - 2.2$。其中，X 表示在 540nm 处测得的吸光度值，Y 表示 NO 的含量。

（七）抗氧化指标测定

准确称取大约 0.2g 的肝脏，按重量（g）：体积（mL）＝1∶9 的比例加入质量的 9 倍、浓度为 0.89％ 的生理盐水，冰水浴条件下，用眼科剪刀剪碎组织块，用组织匀浆机研磨制成 10％ 组织匀浆液。

超氧化物歧化酶（SOD）用氮蓝四唑光还原法测定，分别取 Met 溶液 162mL，$EDTA-Na_2$ 溶液 0.6mL，磷酸缓冲液 5.4mL，NBT 溶液 6mL，核黄素溶液 6mL，混合后摇匀；然后每个样品取 3mL 混合液和 $30\mu L$ 酶液，空白管加 $30\mu L$ 蒸馏水，光照培养箱中反应 20min 后，560nm 处读其吸光度值。

一个酶活单位可以定义为抑制 NBT 光还原 50％ 所需的酶量。SOD 活性＝反应液总体积×试验管吸光度值/（50％ 对照管吸光度值×蛋白含量×酶液体积）。

过氧化氢酶（CAT）测定的具体操作步骤：先取酶液 $200\mu L$，加入 3mL 0.05mol/L 的磷酸缓冲液之后再加入 0.3％ 的过氧化氢 $200\mu L$，充分混匀，1min 后 240nm 处读吸光度值，每隔 1min 记录一次，连续记录 5min，以每分钟下降 0.01 为一个酶活单位（U），过氧化氢酶活性＝吸光度值变化×反应总体积/（样品蛋白含量×酶液体积×反应时间×0.01）。

MDA 的测定：取样品酶液 500mL，加入 10.5％ 的硫代巴比妥酸 2.5mL，充分混匀后放置于 100℃ 沸水中煮沸，然后迅速冷却，5 000g 离心 10min，在 450nm、532nm、600nm 处测其吸光度值，$C = 6.45 \times [(A_{532} - A_{600}) - 0.56 \times A_{450}]$，MDA 浓度＝C×反应总体积×1000/（酶液体积样品蛋白含量）。

（八）肝脏 *HSP*70 和 *HSP*90 基因表达的分析

做定量 PCR 的引物序列见表 2-2。

表 2-2　做定量 PCR 的引物序列

目的基因	序列号	正链（5'-3'）	反链（5'-3'）
*HSP*70	EU884290	CTTTATCAGGGAGGGATGCCAGC	CCCTGCAGCATTGAGTTCATAAGT
*HSP*90	KC762935	TGCGGGACAACTCCACCAT	TCCAATGAGAACCCAGAGGAAAC
β-actin	AY170122	TCGTCCACCGCAAATGCTTCTA	CCGTCACCTTCACCGTTCCAGT

二、结果

（一）高温应激下果寡糖对团头鲂应激指标的影响

从表 2-3 可以得出，应激前投喂 0.4% 果寡糖组的皮质醇和血糖明显低于其他组（$P < 0.05$），但是乳酸含量各组无明显差异（$P > 0.05$）。应激之后的 12h 之内，应激指标都呈现先上升后下降的趋势，在 3h 和 6h 投喂 0.4% 果寡糖组的皮质醇和血糖含量明显低于对照组（$P < 0.05$），3h 0.8% 果寡糖组的皮质醇也显著低于对照组（$P < 0.05$），但是乳酸含量只有在 3h 0.4% 果寡糖组显著低于对照组（$P < 0.05$），而 0.8% 果寡糖组无显著影响（$P > 0.05$）。

表 2-3　34℃ 高温应激下果寡糖对团头鲂应激指标的影响

指标	时间(h)	分组			双因素方差分析		
		0	0.40%	0.80%	果寡糖	时间	交互
皮质醇(ng/mL)	0	516.52±18.2[bA]	459.41±8.8[aA]	510.32±17.3[abA]			
	3	575.63±15.6[bAB]	516.52±10.8[aB]	519.01±8.1[aAB]			
	6	606.82±27.9[bB]	540.11±4.6[aB]	574.81±9.9[abAB]	＊＊	＊＊＊	ns
	12	603.61±36.3[B]	568.11±19.5[B]	581.41±22.9[B]			
	24	592.21±25.6[AB]	547.64±29.0[B]	550.41±15.6[AB]			
	48	576.52±25.0[A]	547.21±19.4[B]	564.33±35.0[AB]			
血糖(mmol/L)	0	4.15±0.13[bA]	3.44±0.15[aA]	3.63±0.26[abA]			
	3	4.73±0.19[bA]	3.85±0.10[aA]	4.75±0.07[bB]			
	6	5.92±0.29[bB]	5.05±0.12[aB]	5.45±0.23[abBC]	＊＊	＊＊＊	ns
	12	6.57±0.06[B]	5.19±0.56[B]	6.52±0.43[D]			
	24	6.33±0.47[B]	5.76±0.25[B]	6.10±0.38[CD]			
	48	6.02±0.33[B]	5.51±0.22[B]	5.95±0.27[BCD]			

（续）

指标	时间(h)	分组			双因素方差分析		
		0	0.40%	0.80%	果寡糖	时间	交互
乳酸(mmol/L)	0	5.01 ± 0.07^A	4.02 ± 0.26^A	4.86 ± 0.50^A	**	***	ns
	3	6.10 ± 0.41^{Ab}	4.77 ± 0.36^{aAB}	5.76 ± 0.32^{Aab}			
	6	6.18 ± 0.23^A	5.06 ± 0.26^B	5.73 ± 0.59^A			
	12	6.01 ± 1.1^A	5.72 ± 0.51^B	5.72 ± 0.19^A			
	24	5.99 ± 0.14^A	5.51 ± 0.21^B	5.92 ± 0.13^A			
	48	5.84 ± 0.42^A	5.65 ± 0.16^B	5.98 ± 0.13^A			

注：数据表示为平均值±标准误，同列数据上标含不同字母者差异显著。大写字母表示同一个组在不同时间点的变化情况，小写字母表示同一时间点各组之间的差异。**表示 $P<0.001$，***表示 $P<0.000$，ns 表示无显著差异。

本节研究得出，血液皮质醇、血糖和乳酸在 0～12h 出现升高的趋势，这意味着高温引起了机体应激，因为这些指标都是用来评判应激的可靠指标（Ciji et al.，2013）。高温条件下下丘脑-垂体-肾间组织轴（HPI）可能被激活，高温先刺激下丘脑促肾上腺皮质激素释放激素的分泌，垂体前叶释放促肾上腺皮质激素，传到肾间组织，产生皮质醇释放到血液中，皮质醇含量升高（Sapolsky，2000）。在之前的研究中得出，应激会促进茶多酚的合成，茶多酚有加速糖原分解的作用，因此血糖水平升高（Nakano and Tomlinson，1967）。血液乳酸的升高和肌糖原的分解有关，在应激条件下机体需要较多的能量来满足机体的需求，这就动用了肌糖原（Grutter and Pankhurst，2000）。随着应激时间的增长，这些指标有下降趋势，这可能是由于糖皮质激素的负反馈作用，抑制肾上腺皮质激素和茶多酚的合成（Minton，1994；Steckler et al.，2005）。相似的研究结果在团头鲂和大西洋鳕上也被证实（Pérez-Casanova et al.，2008；Ming et al.，2012）。本节还得出饲料中添加 0.4% 的果寡糖能对团头鲂的抗高温应激起到很好的作用，而果寡糖的抗应激机制尚未研究清楚，可能是通过促进释放细胞因子作用于神经系统来调节肾上腺-下丘脑神经轴的。

（二）高温应激下果寡糖对团头鲂血液总蛋白和 IgM 含量的影响

由图 2-1 可以得出，应激前投喂 0.4% 果寡糖组的总蛋白和 IgM 的含量显著高于对照组（$P<0.05$），而与 0.8% 果寡糖组无显著差异（$P>0.05$）；应激后，总蛋白和 IgM 都呈先升高后降低的趋势，并在 6h 出现最大值，之后分别在 12h 和 24h 恢复到了应激前的水平。应激后的 3h 和 6h 投喂 0.4% 果寡糖组的总蛋白和 IgM 含量都显著高于对照组（$P<0.05$），而投喂 0.8% 组的总蛋白在 6h 和免疫球蛋白在 3h 也显著高于对照组（$P<0.05$）。在其他时间点无显著差异（$P>0.05$）。

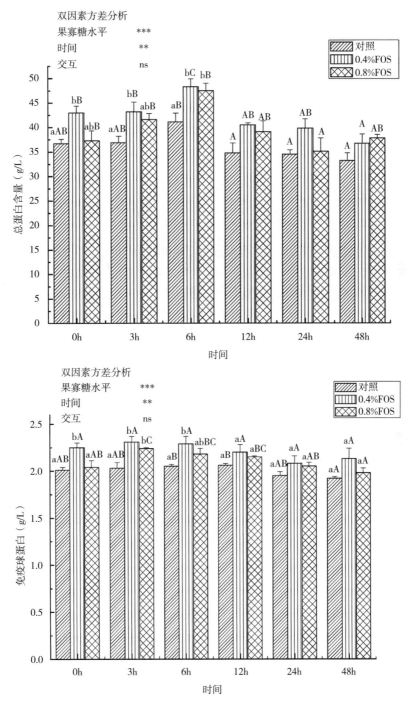

图 2-1　34℃高温应激下果寡糖对团头鲂血液总蛋白和免疫球蛋白的影响

注：大写字母表示同一个组在不同时间点的变化情况，小写字母表示同一时间点各组之间的差异。

血液白蛋白和免疫球蛋白都是评判机体健康状况的重要的免疫指标，尤其是免疫球蛋白作为免疫系统的第一道防线，在免疫反应中起着重要作用（Reddy，1999）。以前在虹鳟和罗非鱼的研究中得出随着水温的升高（Hou and Han，2001；Dominguez et al.，2004），血液中 IgM 的含量有所升高。本研究也得出，总蛋白和免疫球蛋白都呈先升高后降低的趋势，最高值出现在12h。一般情况下在急性应激条件下，比如运输、氨氮刺激以及病菌感染等会造成总蛋白和免疫球蛋白的升高，但是长时间的应激会使它们下降（Dominguez et al.，2004；Alexander et al.，2011）。0.4％果寡糖组的总蛋白和免疫球蛋白在应激前和应激后的 3h 和 6h 都显著高于对照组，这和虹鳟研究得出的结果相似（Jeney et al.，1997），证明了果寡糖在高温应激下能提高团头鲂的免疫力。

（三）高温应激下果寡糖对团头鲂血液免疫指标的影响

由表 2-4 可以得出，应激前，0.4％果寡糖组血清溶菌酶、ACP、补体ACH50 活性和 NO 含量均显著高于对照组（$P<0.05$），但是和 0.8％果寡糖组并无明显差异（$P>0.05$）。应激之后，这些指标先呈上升趋势，除酸性磷酸酶（3h）之外都在 6h 达到最大值，之后又都呈下降趋势，并在 48h 之内恢复到应激前水平。另外，溶菌酶、ACP 活性和 NO 含量在 3h 和 6h 处，0.4％果寡糖组显著高于对照组（$P<0.05$），溶菌酶 6h、酸性磷酸酶 3h 和 NO 3h处 0.8％果寡糖组也显著高于对照组（$P<0.05$），但是补体 ACH50 的活性在应激之后的各组并无显著差异（$P>0.05$）。

表 2-4　34℃高温应激下果寡糖对团头鲂血液免疫指标的影响

指标	时间(h)	分组			双因素方差分析		
		0	0.40%	0.80%	果寡糖	时间	交互
溶菌酶(U/mL)	0	76.1±1.8[aBC]	82.9±1.1[bBC]	76.0±0.8[aB]			
	3	76.8±2.1[aBC]	87.8±0.5[bBCD]	78.2±1.9[aB]			
	6	84.0±2.7[aC]	98.4±3.3[bD]	93.1±1.6[bD]	***	***	ns
	12	81.1±3.0[C]	92.9±6.4[CD]	86.1±2.1[C]			
	24	69.8±4.0[AB]	78.3±5.0[AB]	75.4±1.1[B]			
	48	64.0±2.4[A]	69.5±3.2[A]	68.9±2.2[A]			
酸性磷酸酶(U/L)	0	12.4±0.8[aAB]	14.7±0.3[bCD]	14.2±0.5[abB]			
	3	13.6±0.6[aB]	16.8±0.07[bE]	15.6±0.6[bB]			
	6	13.7±0.6[aB]	15.7±0.4[bDE]	15.2±0.6[abB]	***	***	ns
	12	13.5±0.6[B]	14.2±0.4[C]	14.4±0.5[B]			
	24	11.2±0.3[A]	12.4±0.2[B]	12.1±0.7[A]			
	48	10.5±0.7[A]	10.3±0.7[A]	11.4±1.3[A]			

（续）

指标	时间(h)	分组			双因素方差分析		
		0	0.40%	0.80%	果寡糖	时间	交互
补体(U/L)	0	97.1±2.8[aAB]	115.0±3.9[bAB]	109.1±4.1[abA]	***	***	ns
	3	107.1±3.4[BC]	122.3±3.2[BC]	114.0±5.1[AB]			
	6	117.0±3.6[C]	135.6±5.0[C]	127.3±5.3[B]			
	12	105.2±5.8[BC]	115.1±2.9[AB]	107.1±5.1[A]			
	24	102.4±2.3[ABC]	108.1±6.6[AB]	105.0±7.9[A]			
	48	87.6±7.6[A]	104.0±3.3[A]	107.0±5.0[A]			
一氧化氮(mmol/L)	0	63.8±3.0[aABC]	72.2±2.3[b]	70.1±0.7[abBC]	***	***	ns
	3	64.0±0.2[aABC]	75.4±1.4[b]	73.5±3.6[bBC]			
	6	70.5±1.6[C]	76.4±1.5	74.9±2.8[C]			
	12	65.6±2.0[BC]	71.0±4.5	69.7±2.9[BC]			
	24	58.8±2.6[AB]	67.6±3.8	66.3±2.2[AB]			
	48	54.6±5.6[A]	64.2±5.7	59.7±1.7[A]			

注：数据表示为平均值±标准误，同列数据上标含不同字母者差异显著。大写字母表示同一个组在不同时间点的变化情况，小写字母表示同一时间点各组之间的差异。***表示 $P<0.000$，ns 表示无显著差异。

　　机体的免疫功能受到细胞免疫和体液免疫的双重影响，而这两方面都会受到环境因素的影响（Bachere et al.，2004；Hooper et al.，2007），应激条件下的免疫反应与机体的能量需求和代谢有一定的关系（Bonga，1997）。另外，外周淋巴细胞会产生免疫抑制因子释放到血液中，影响机体免疫功能的正常发挥（Barton，1991）。本节得出，血液溶菌酶、酸性磷酸酶、补体 ACH50 和 NO 含量都呈现先升高后降低的趋势，这和其他高温应激研究得出的结果一致：短时间的应激能够使免疫反应增强，而长时间处于应激状态会使免疫功能下降（Dang et al.，2012）。在短时间应激条件下，机体需要更多的能量来应对应激反应，并增强某些蛋白的分泌，比如溶菌酶、酸性磷酸酶和免疫球蛋白等（Ortuño et al.，2002）。随着应激时间的增长，免疫指标呈下降趋势（Fevolden et al.，1999）。免疫功能的下降可能和皮质醇和血糖的升高有一定的关系，这是因为皮质醇和血糖能够作用于 T 细胞，并使之释放一些细胞因子，而这些细胞因子能反作用于 T 细胞，调节机体的免疫活动（Elenkov，2002）。类似的试验结果在斜带石斑鱼和美洲红点鲑都有报道（De Staso and

Rahel，1994；Cui et al.，2010）。本节得出，应激前，投喂 0.4％果寡糖组的免疫指标的活性显著高于对照组，这说明果寡糖在提高团头鲂机体免疫应答中起到有效的作用；应激后，投喂 0.4％或者 0.8％果寡糖组在 3h 或者6h时的溶菌酶、酸性磷酸酶和 NO 都显著高于对照组，饲料中添加适宜水平果寡糖能促进免疫反应，这可能是由于其促进了肠道有益菌比如乳酸菌和芽孢杆菌的生长、代谢和增殖，这些微生物能够促进免疫因子和免疫球蛋白的分泌，增强机体的免疫活性（Yasui and Ohwaki，1991；Soleimani et al.，2012）。

（四）高温应激下果寡糖对团头鲂肝脏抗氧化指标的影响

由图 2-2 可以得出，团头鲂肝脏 SOD 和 CAT 活性在应激前 0.4％果寡糖组显著高于对照组（$P<0.05$）；应激后，从 0～6h 呈上升趋势，之后又出现下降趋势；但是 MDA 含量在应激后一直呈上升的趋势。SOD 和 CAT 活性在应激后的 3h 和 6h，0.4％果寡糖组均显著高于对照组（$P<0.05$），而 MDA在 6h、24h 和 48h 处 0.4％果寡糖组显著低于对照组（$P<0.05$），而与 0.8％果寡糖组无显著差异（$P>0.05$）。

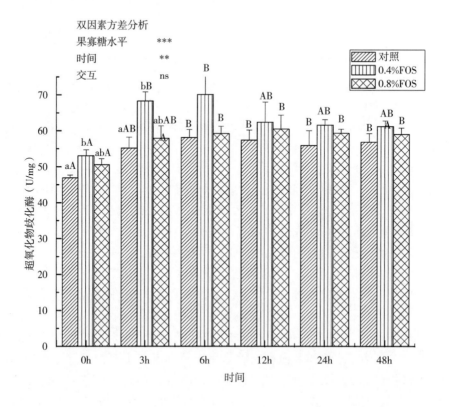

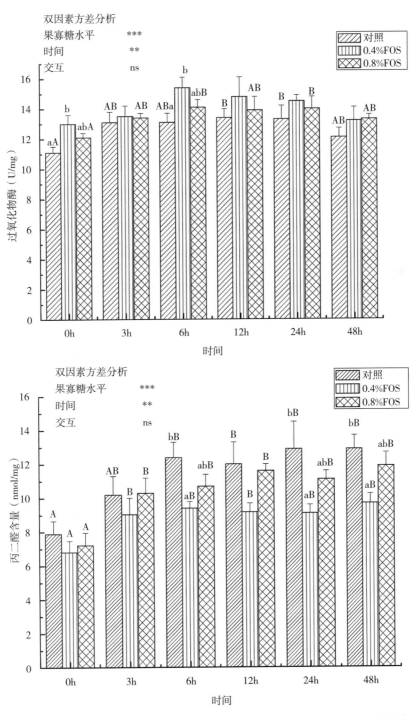

图 2-2 34℃高温应激下果寡糖对团头鲂肝脏 SOD、CAT 活性和 MDA 的影响

高温应激能够引起自由基比如·O_2^-和OH^-的大量产生，这些物质会造成细胞中多不饱和脂肪酸的脂质过氧化，正常情况下机体的抗氧化系统能够清除这些自由基，抑制机体过氧化，使机体处于平衡状态（Laudicina and Marnett，1990）。本节得出在应激下 MDA 的含量一直增加，这表明高温会引起团头鲂的脂质过氧化程度增加，而 MDA 是检测机体过氧化程度的重要指标（Parvez and Raisuddin，2005）。高温会使机体的耗氧量增加，这就容易造成自由基的产生，最终导致氧化应激，高温造成氧化应激的试验在其他鱼类和水产类动物都有报道（Parihar and Dubey，1995；Lushchak and Bagnyukova，2006；Bocchetti et al.，2008；Lushchak and Bagnyukova，2006）。SOD 和 CAT 的活性在应激条件下不断增加，它们参与消除自由基，保护机体（Farombi et al.，2007）。SOD 先把·O_2^-转化成O_2和H_2O_2，CAT 能够把H_2O_2分解成O_2和H_2O（Jovanović-Galović et al.，2004）。抗氧化物酶活的升高和机体的氧化应激程度有关，氧化应激程度越高，酶活也会随之升高（Rahmat et al.，2004）。之前的研究报道 SOD 活性在应激条件下（比如盐度和温度）都有升高（Lesser，2006）。该试验结果得出在高温应激前后投喂 0.4%果寡糖饲料组的 SOD 和 CAT 活性最高，MDA 含量最低。此试验说明果寡糖能够抑制由高温应激引起的脂质过氧化程度。果寡糖的抗氧化功能可能与它的抑菌保护作用有关，以前的试验证明由果寡糖促进产生的乳酸菌的代谢产物具有抗氧化功能（Yagi and Doi，1999；Lin and Yen，1999；Wang et al.，2008）。果寡糖也可能作为调节肠道微生物平衡的物质促进机体的抗氧化功能。

（五）高温应激下果寡糖对团头鲂 *HSP70* 和 *HSP90* 基因表达的影响

由图 2-3 得出，应激之前肝脏 *HSP70* 基因的相对表达量在试验组显著高于对照组（$P<0.05$），但是 HSP90 的表达各组之间无显著差异（$P>0.05$）；应激后，HSP70 和 HSP90 的表达量都出现先升高后降低的趋势，并且 HSP70 在 48h 后又恢复到应激前水平。应激后的 3h、6h 和 12h 的 0.4%果寡糖组的 HSP70 和 HSP90 的表达量都显著高于对照组（除 12h 处的 HSP90）（$P<0.05$），HSP70 在 3h 和 12h 的 0.8%果寡糖组也显著高于对照组（$P<0.05$）。二次方差分析 HSP70 和 HSP90 的表达量受到果寡糖添加水平和时间交互作用的显著影响（$P<0.05$）。

在 HSP 家族中，HSP70 和 HSP90 参与新生蛋白质合成和损伤蛋白的修复，参与应激条件的免疫应答（Fu et al.，2011）。在应激条件下比如高温、重金属和细菌感染等，热休克蛋白（HSPs）表达量能够被诱导升高（Farcy et al.，2007；Ivanina et al.，2009）。笔者研究发现从应激的 0～12h，HSP70 和 HSP90 的相对表达都呈升高的趋势。当鱼类处在应激时，HSP70 和 HSP90

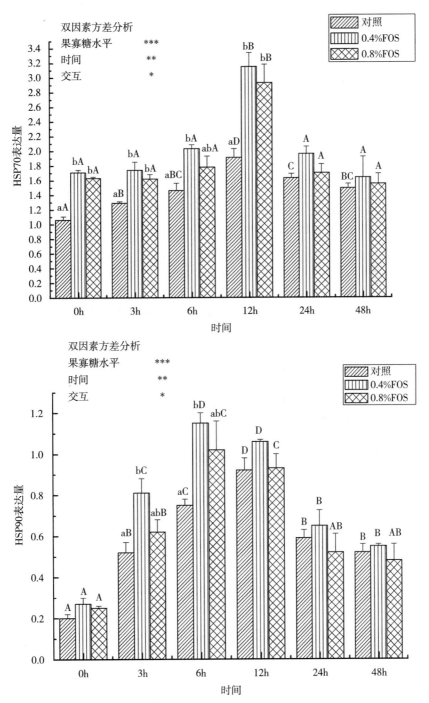

图 2-3　34℃高温应激下果寡糖对团头鲂肝脏 *HSP*70、*HSP*90 基因表达的影响

的升高是为了保护细胞（Wu et al.，2012）。HSP70 的高表达证明机体蛋白也有一定程度的损伤，HSP70 具有一定的修复功能并阻止更多的蛋白受损（Lindquist，1986；Skowyra et al.，1990）。在高温条件下，HSP70 的聚合酶可能被激活，在斑马鱼、青鱼以及海胆的研究中都有类似的报道（Lele et al.，1997；Werner et al.，2003；Wu et al.，2012）。但是高表达的 HSP70 和 HSP90 只能持续一段时间，随着应激时间的增长，它们的表达量也出现下降的趋势，这可能是因为它们的合成需要很多的能量，但是机体可利用的能量是有限的（Somero，2002）。总之，HSPs 在应激条件下的作用机制受到各方面的影响，需要进一步的研究。本研究也得出添加适量的果寡糖能够增加 HSPs 的表达量和机体的抗应激能力。这和免疫指标和抗氧化功能结果相一致，表明果寡糖在抗应激和增强免疫方面都起到重要作用。

三、结论

该节研究得出，在高温应激条件下免疫活性、抗氧化能力和 HSPs 的表达都呈现先升高后降低的趋势，饲料中添加 0.4% 的果寡糖能够提高团头鲂的抗高温应激能力。

第二节　高温应激下果寡糖对团头鲂血液免疫和抗氧化指标的影响

高温应激是指外界环境温度超过动物的最适温度上限，机体所产生的非特异性防御应答反应。鱼类是变温动物，对温度的变化较为敏感，温度的变化直接影响鱼类的生长、发育、摄食、代谢、存活以及分布等。对温度的变化鱼类虽有一定的适应能力，但都有耐受限度，研究表明过高与过低的温度都会引起水产动物非特异免疫及抗氧化系统发生变化（Hsieh et al.，2003；韩京成等，2010；李大鹏等，2008）。当鱼体受到外界因子的刺激而发生生理或病理变化时，相关的血液生理生化指标也会随之发生相应的变化（强俊等，2012；王荻等，2016）。因此，血液指标被广泛应用于评价鱼类的健康和营养状况，是常用的生理、病理和毒理学指标，开展温度对鱼类血液免疫和抗氧化指标影响的研究，并通过营养调控手段来调控鱼类的代谢状态，预防环境应激可能带来的危害具有重要的理论和现实意义（Dominguez et al.，2004）。

团头鲂，又称武昌鱼，属于鲤科（Cyprinidae），鲂属（*Megalobrama*），具有生长快、肉质鲜美、经济价值高等优点，是我国主要的淡水养殖品种之一。相对于其他淡水鱼类，团头鲂不耐应激，因此在养殖生产过程中经常受到外界不利因素的影响。夏季南方普遍高温，容易出现高温应激，鱼类出现摄食量下降、生长缓慢、抗病力差等现象，果寡糖作为一种有效的免疫增强剂，可以调控机体免疫，防止机体的氧化损伤，维持正常的生理活动（Soleimani et al.，2012）。本节通过在高温条件下饲喂添加不同水平果寡糖的饲料，研究果寡糖在高温应激条件下对团头鲂血液免疫指标和抗氧化指标的影响，探索果寡糖缓解高温应激的功效，以期为团头鲂高温应激提供解决方案。

一、材料与方法

（一）试验饲料

基础日粮饲料配方及养分水平如表 2-5 所示。鱼粉、豆粕、菜粕和棉粕为蛋白源，豆油为脂肪源，制成粗蛋白、粗脂肪分别含量为 32% 和 5.5% 的基础日粮，果寡糖的添加水平分别为 0、0.4% 和 0.8%。果寡糖由日本明治集团提供，果寡糖由蔗果三糖、蔗果四糖、蔗果五糖组成，有效成分 ≥95%，其他成分 <5%；饲料原料经粉碎机粉碎后，过 60 目筛，用逐级扩大法混匀后，用颗粒机制成直径为 2mm 的颗粒饲料，50℃烘箱烘干后，放置于 4℃ 冰箱中保存备用。

表 2-5　基础日粮组成及营养水平（风干基础，%）

项目	含量
原料	
鱼粉	6.00
豆粕	30.0
菜粕	14.00
棉粕	14.00
次粉	15.00
麸皮	13.30
磷酸二氢钙	1.80
预混料	1.00
豆油	3.50
膨润土	1.00
食盐	0.4
合计	100.00
营养水平	

（续）

项目	含量
水分	10.23
粗蛋白质	32.00
粗脂肪	5.50
粗灰分	6.93

注：每千克饲料中含 $CuSO_4 \cdot 5H_2O$，20mg；$FeSO_4 \cdot 7H_2O$，250mg；$ZnSO_4 \cdot 7H_2O$，220mg；$MnSO_4 \cdot 4H_2O$，70mg；Na_2SeO_3，0.4mg；KI，0.26mg；$CoCl_2 \cdot 6H_2O$，1mg；维生素 A，9 000 IU；维生素 D，2 000IU；维生素 E，45mg；维生素 K_3，2.2mg；维生素 B_1，3.2mg；维生素 B_2，10.9mg；烟酸，28mg；维生素 B_5，20mg；维生素 B_6，5mg；维生素 B_{12}，0.016mg；维生素 C，50mg；泛酸，10mg；叶酸，1.65mg；胆碱，600mg。

（二）试验鱼与饲养管理

试验用鱼团头鲂由江苏南京浦口基地提供。选取 360 尾大小一致、体格健壮的团头鲂［初重为（13.5±0.5）g］，先在网箱中暂养 2 周，等鱼情稳定后，将鱼随机分为 3 组，每组 4 重复，每个网箱 30 尾鱼，分别投喂已做好的 3 组饲料，第一组投喂基础日粮，第 2 组投喂基础日粮＋0.4%果寡糖，第三组投喂基础日粮＋0.8%果寡糖，每天分别在 7：30、12：30、17：30 进行投喂，日投饵量根据鱼体重的 3%～5% 进行投喂，并根据吃食情况进行调整。饲养试验持续 8 周，饲养期间保证充足的溶解氧（＞5.0mg/L），保持水体 pH 7.0～8.0，氨氮＜0.3mg/L。

（三）高温应激试验

饲养结束后，把鱼转移到水族箱中，稳定 2d 后，用加热棒把水温加至 34℃，每隔 2h 测一次水中的温度，保证其基本稳定，分别于应激前 0h 和应激后 3h、6h、12h、24h、48h 进行采样。

（四）样品采集与测定

分别在应激前后的各个时间点随机从每缸中取 3 尾鱼，用 100mg/L 的 MS-222 进行麻醉，尾静脉采血，样品于 4℃ 冰箱中静置 2h，然后在 4℃，3 000g 的离心机中离心 10min，上清液移至离心管并放－70℃ 冰箱中保存备用。

谷丙转氨酶（GPT）和谷草转氨酶（GOT）的测定采用葡萄糖氧化酶法；碱性磷酸酶（AKP）的测定采用比色法；补体 3（C3）和补体 4（C4）含量的测定采用酶联免疫吸附法；超氧化物歧化酶（SOD）、过氧化氢酶（CAT）、总抗氧化酶（T-AOC）和丙二醛（MDA），分别采用黄嘌呤氧化酶法、紫外吸收法、比色法和硫代巴比妥酸法测定。以上用到的试剂盒均购自南京建成生物有限公司，详细操作步骤见说明书。

二、结果

（一）高温条件下果寡糖对团头鲂血清谷草转氨酶、谷丙转氨酶和碱性磷酸酶活性的影响

由图 2-4 和图 2-5 可知，在高温应激下，团头鲂血清谷丙转氨酶（GPT）和谷草转氨酶（GOT）的活性呈先升高后降低的趋势，在应激后的 12h 达到最大值；碱性磷酸酶在应激后呈降低的趋势。在应激前，AKP（图 2-6）的活性各组之间差异并不显著（$P > 0.05$），GPT 活性 0.4％果寡糖（FOS）组显著低于对照组和 0.8％FOS 组（$P < 0.05$）。应激后，添加 FOS 组的 GOT 和 GPT 活性有降低趋势，但同一时间点各组差异并不显著（$P > 0.05$），AKP 活性在应激后 12h 的 0.4％FOS 组显著高于其他两组（$P < 0.05$）。

谷丙转氨酶和谷草转氨酶是反映肝细胞和心肌细胞受损程度的重要指标。本研究得出血清 GPT 和 GOT 的活性呈先升高后降低的趋势，在应激后的 12h 达到最大值。正常情况下它们在血液中的含量较少，但当机体处于应激状态，肝脏受损时，细胞膜的通透性会增大，大量的谷草转氨酶和谷丙转氨酶就会被释放到血液中；本研究中 MDA 含量的升高也证实了肝细胞有受损的现象。Jeney 等（1992）研究表明鲤受到环境胁迫后，血清谷丙转氨酶活力出现类似

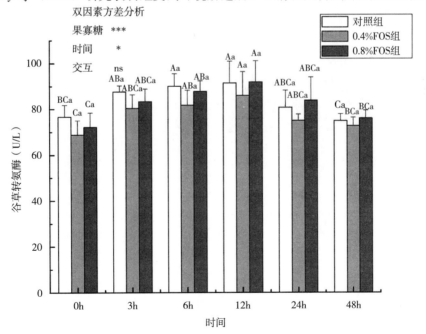

图 2-4　高温应激下果寡糖对团头鲂血液谷草转氨酶活性的影响

注：大写字母表示同一个组在不同时间点的变化情况，小写字母表示同一时间点各组之间的差异。

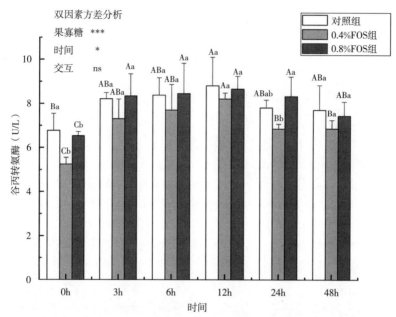

图 2-5　高温应激下果寡糖对团头鲂血液谷丙转氨酶活性的影响

注：大写字母表示同一个组在不同时间点的变化情况，小写字母表示同一时间点各组之间的差异。

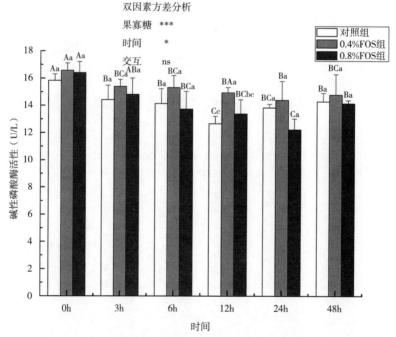

图 2-6　高温应激下果寡糖对团头鲂血液碱性磷酸酶含量的影响

注：大写字母表示同一个组在不同时间点的变化情况，小写字母表示同一时间点各组之间的差异。

的趋势，周明等（2013）报道高温应激条件下团头鲂血清也出现谷丙转氨酶和谷草转氨酶升高的趋势；祝璟琳等（2016）也报道高温条件下尼罗罗非鱼血清的谷丙转氨酶和谷草转氨酶要比正常温度高。这可能是因为随着应激时间的延长，肝脏受损，肝细胞的通透性增大，鱼体血清酸碱平衡和血清离子的平衡态被打破，鱼体内环境的稳定受到影响，一些酶的活性就出现升高趋势。本研究得出添加果寡糖谷丙转氨酶和谷草转氨酶活性都有一定程度的降低，这表明果寡糖在应激情况下有保护肝细胞和心肌细胞免受损伤的作用，因此果寡糖具有一定缓解抗热应激的功能，同时果寡糖还有减弱免疫抑制，增强免疫力的功能。碱性磷酸酶是生物体内的一种重要的代谢调控酶，能改变病原体的表面结构，从而增强机体对病原体的识别和吞噬能力（明建华等，2008），笔者发现，在高温应激条件下碱性磷酸酶处于下降的趋势，这可能是由于高温抑制了该酶的活性，而添加一定量的果寡糖，碱性磷酸酶活性有升高趋势，这表明果寡糖起到了免疫增强的作用，果寡糖的免疫增强功能和促进了益生菌生长和增殖有关，而这些益生菌能刺激机体的免疫反应、提高免疫力。另外，这些微生物能够促进免疫因子和免疫球蛋白的分泌，增强机体的免疫活性（周明等，2013）。

（二）高温条件下果寡糖对团头鲂血清补体 C3 和 C4 的影响

由图 2-7、图 2-8 可知，在高温应激下各组血清补体 C3、C4 在 0～24 h 呈

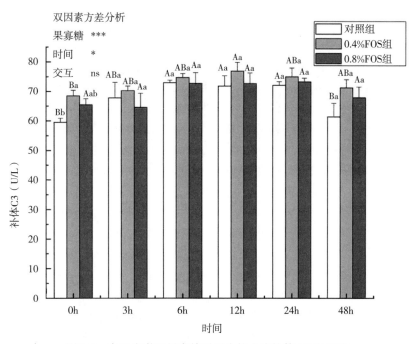

图 2-7　高温应激下果寡糖对团头鲂血液补体 C3 的影响

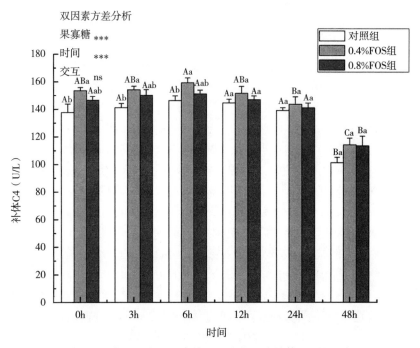

图 2-8　高温应激下果寡糖对团头鲂血液补体 C4 的影响

升高趋势，之后出现了降低趋势；添加 0.4% FOS 在应激前 C3、C4 都显著高于对照组（$P<0.05$），但和 0.8%FOS 之间差异并不显著（$P>0.05$）；高温应激后 0.4%FOS 组 C3 都有升高趋势，但是各组差异并不显著（$P>0.05$）；C4 在应激后的 3 h 和 6 h，0.4%FOS 组显著高于对照组（$P<0.05$），在其他时间点各组之间并无显著差异（$P>0.05$）。

　　血清补体活性已被证实是一项非常重要的非特异性防御指标，能够保护机体抵御病原菌的感染（Tort et al.，1996），C3、C4 是补体系统中固有的成分，对机体发挥非特异免疫调节有重要的功能（Holland and Lambris，2002）。本研究发现随着应激时间的延长，补体 C3、C4 都出现先升高后降低的趋势，这可能是因为高温胁迫引起了鱼体的急性应激反应，从而通过大量分泌皮质醇来促进糖的合成、脂肪降解以获得能量，并通过增加特定蛋白（如溶菌酶、补体和 C 反应蛋白等）的水平来增强机体的免疫力（Wu et al.，2012），共同抵抗不良应激的发生，从而导致血清中某些蛋白的水平升高，当应激强度超出鱼体防御机能时，这些蛋白的合成能力就会减弱，从而表现为某些酶的活性降低。因此，随着应激时间的延长，补体活力开始降低，机体免疫力下降。刘波（2012）研究表明急性慢性高温应激可显著降低团头鲂 C3、C4水平。周显青等（2003）研究结果表明，应激能够降低中华幼鳖补体活性和含量，鱼类受到温度应激后，鱼体的免疫机能会受到影响，但是添加一定量的果寡糖对免疫抑制有缓解作用，再次证明了果寡糖增强免疫的功能。

（三）高温应激下果寡糖对团头鲂血清超氧化物歧化酶（SOD）、过氧化氢酶（CAT）、总抗氧化酶（T-AOC）活性和丙二醛（MDA）含量的影响

由图 2-9 可知，在高温应激下各组 SOD 活性在各个时间点无显著差异（$P>0.05$）；添加 FOS，SOD 活性有升高趋势但是各组差异并不显著（$P>0.05$）；CAT 和 T-AOC（图 2-10 和图 2-11）活性在高温应激后呈现先升高后降低的趋势，并在 6h 达到最大值，CAT 活性在应激前 0.4%FOS 组显著高于对照组（$P<0.05$），T-AOC 活性在应激后的 3h 和 6h 显著高于对照组（$P<0.05$），在其他时间点各组之间无显著差异（$P>0.05$）；MDA（图 2-12）含量在应激后呈现上升的趋势，并在应激前和应激后的 48 h 的 0.4%FOS 组显著低于其他两组（$P<0.05$）。

鱼类机体内有一套完整的抗氧化体系，在正常生理条件下，可维持促氧化与抗氧化的动态平衡。但高温应激会打破这种平衡，使机体内自由基增多，脂质过氧化作用增强，诱发氧化损伤（周显青等，2002）。抗氧化酶系统中 SOD 能清除超氧阴离子（O_2^-），保护细胞免受损伤；CAT 也能清除过氧化氢对细胞的毒性作用，使机体的活性氧保持在正常水平；T-AOC 可反映机体自由基

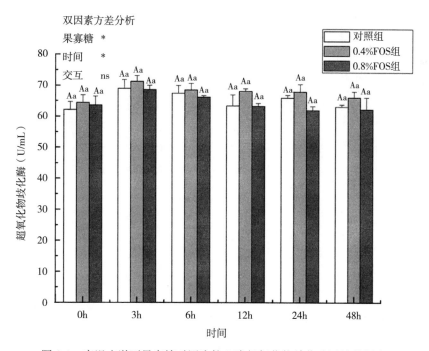

图 2-9　高温应激下果寡糖对团头鲂血液超氧化物歧化酶活性的影响

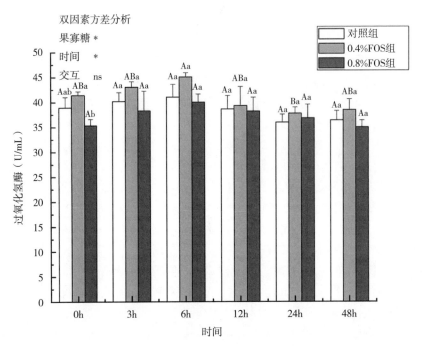

图 2-10 高温应激下果寡糖对团头鲂过氧化氢酶活性的影响

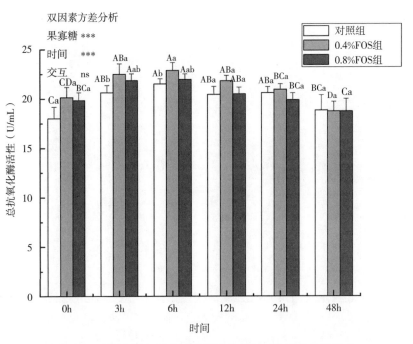

图 2-11 高温应激下果寡糖对团头鲂总抗氧化酶活性的影响

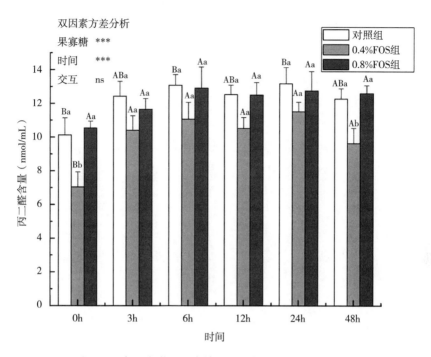

图 2-12　高温应激下果寡糖对团头鲂丙二醛含量的影响

的代谢状态，是衡量机体抗氧化功能状况的综合性指标。果寡糖具有一定的抗氧化功能，保护细胞膜免受自由基的损伤。本研究得出血清中 T-AOC、SOD、CAT 的活性随着高温应激时间的增长而呈现先升高后降低的趋势，但随着果寡糖的添加，这些指标都不同程度地提高。刘波（2012）报道在高温应激下，罗氏沼虾肝胰腺 T-AOC、CAT、SOD 呈现降低趋势，MDA 呈现增加趋势（Shustanova et al.，2004）；环境温度由 21℃升至 35℃时，金鱼（*Carassius auratus*）的脑、肾脏中的 SOD 是对照组的 4 倍；肌肉组织中的 SOD 和 CAT 活力随应激时间的延长呈先下降后上升的变化（刘波，2012）。应激状态下，抗氧化酶活性的升高可能与激活了该诱导酶的活性有关，但是后期的下降可能是长时间的高温应激导致活性自由基的水平超过了自身的清除能力，抗氧化酶的活性出现下降趋势；饲料中添加适宜水平的果寡糖，可保护机体细胞膜的流动性和稳定性，提高鱼类机体的抗氧化能力，增强对环境胁迫等逆境的抵抗力。MDA 是脂质过氧化的最终分解产物之一，其含量可直接作为脂质过氧化程度的指标，并间接反映细胞损伤程度（Lushchak and Bagnyukova，2006），Jung 等（2016）报道金鱼在高温状态下脂质过氧化物水平升高。本试验结果表明，与对照组相比，添加果寡糖各组血清 MDA 的含量有降低趋势，这表明果寡糖有直接或间接清除自由基的能力，增强团头鲂的抗氧化能力。

三、结论

该研究得出饲料中 0.4% 的果寡糖能提高免疫指标和抗氧化指标的活性，增强了团头鲂的免疫功能和抗氧化功能，并提高了抗高温应激的能力。

第三节　氨氮应激下果寡糖对团头鲂免疫指标、抗氧化和热休克蛋白基因表达的影响

随着水产养殖业规模的不断扩大，水产动物面临着严峻的考验，各种疾病和应激对鱼类生长也造成了威胁（Israeli-Weinstein and Kimmel，1998）。氨氮含量过高是制约水产养殖发展的重要问题之一，尤其是在水泥池和养殖池塘中，鱼的密度较大并且水不易循环就容易造成氨氮含量过高（Lemarié et al.，2004）。以前的研究得出，氨氮含量过高对机体的组织结构、细胞功能、血液生理生化指标、抗氧化、生长以及繁殖等都会造成影响，机体出现异常，最终会导致死亡率的增加（Jeney et al.，1992；Harris et al.，1998）。最近，由于带来许多负面影响，抗生素已在许多国家被禁用（Li et al.，2007）。因此，寻找安全、有效的途径来预防疾病和减少应激是刻不容缓的任务。

在氨氮应激下果寡糖对鱼类免疫、抗氧化的作用又是怎样，至今无人报道，因此本研究有重要的实际意义。同时，氨氮对热休克蛋白表达的影响尚无报道。

控制疾病和减轻各种应激是提高团头鲂生产效益的重要途径。最近，中草药和维生素已经被研究证明具有抗应激和提高免疫力的作用，但是益生元在抗应激方面的研究较少。因此，本试验的目的是研究果寡糖在氨氮应激条件下对团头鲂免疫指标活性、抗氧化能力和热休克蛋白（HSP70 和 HSP90）表达的影响。这将对我们了解团头鲂的免疫机制以及它和环境、果寡糖之间的关系提供科学依据。

一、材料和方法

（一）果寡糖来源和饲料制作
参见第二章第一节。

（二）试验鱼及试验设计
参见第二章第一节。饲养期间，温度在 23～30℃。

（三）氨氮应激

在应激试验之前要做一个预试验，用同样大小的鱼 30 尾，将 NH_4Cl（分析纯）配制成浓度分别为 5mg/L、10mg/L、15mg/L、20mg/L、25mg/L、30mg/L、35mg/L 和 40mg/L 的不同浓度，每缸 10 尾鱼，分别于 6h、12h、24h、48h、72h 和 96h 观察团头鲂幼鱼的死亡率，参照梁俊平等（2012）的计算方法，得出其 96h 半致死浓度为 10mg/L。养殖试验结束后，试验鱼先饥饿 24h 之后，每缸选取 24 尾鱼，放入已准备好的缸中，慢慢添加氯化铵直到缸中铵浓度为 10mg/L。每天早、中、晚各测定一次铵的浓度，并测其 pH，保证 pH7 左右，并确保溶解氧>5mg/L。

二、结果

（一）氨氮应激条件下果寡糖对团头鲂应激指标的影响

由图 2-13 得出，应激前，血浆中皮质醇和乳酸含量在各组之间无显著差异（$P>0.05$），但是，血糖含量在 0.4% 果寡糖组显著低于对照组（$P<0.05$）；应激后，皮质醇和乳酸从 0~12h 呈升高趋势，之后呈降低趋势。但是血糖含量从 0~6h 呈上升趋势，6h 之后又呈下降趋势。另外，皮质醇和血糖含量在投喂 0.4% 果寡糖饲料组分别在 6h 和 3h 显著低于对照组（$P<0.05$），但是 0.8% 果寡糖组和对照组并无显著差异（$P>0.05$）。

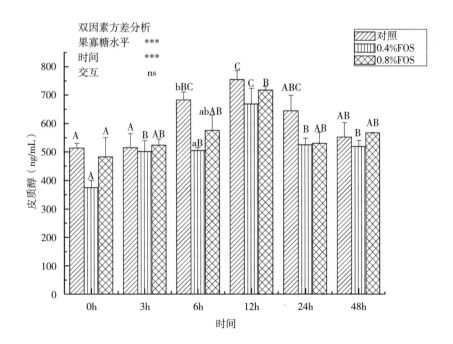

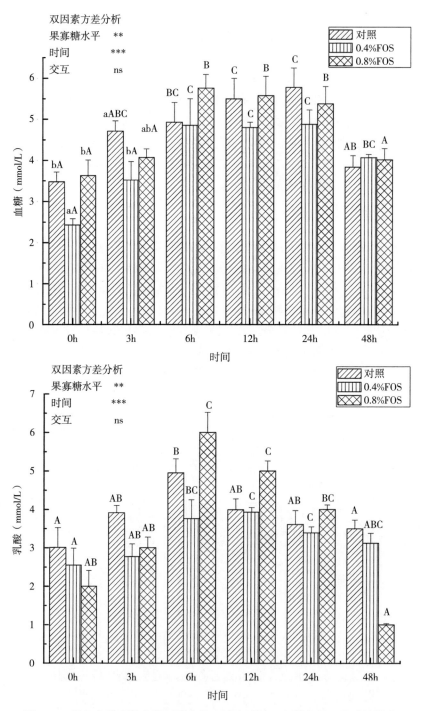

图 2-13　氨氮应激下果寡糖对团头鲂血液皮质醇、血糖含量、乳酸的影响

本节研究得出，铵浓度的升高造成了应激反应的增强，团头鲂血液中的皮质醇、血糖和乳酸都出现了升高的趋势，这些指标都是反映应激状况重要的指标（Costas et al.，2011）。在氨氮应激条件下斑点叉尾鲴氧的消耗量增加，血浆皮质醇、血糖和乳酸的含量都升高（Small，2004）。应激使皮质醇的含量增加可能是由于肾上腺、促肾上腺的作用增强，导致促皮质激素分泌增加，另外，皮质醇的增加也会使肝糖原合成增多（Laiz-Carrión et al.，2002），鱼类在应激状态下糖异生作用增强。因此，本研究得出血糖水平和皮质醇含量都升高（Laiz-Carrión et al.，2002），乳酸升高和肌糖原分解有关（Fabbri et al.，1998），因为乳酸是糖酵解需要的物质（Mommsen et al.，1999），并且在应激状态下机体需要消耗比平常更多的能量来满足机体的需求，这也是造成血液乳酸含量升高的原因（Grutter and Pankhurst，2000）。应激后我们发现在3h或6h投喂0.4%果寡糖组皮质醇和血糖都显著低于对照组，果寡糖对团头鲂的保护作用可能是由于果寡糖可以提高肠道微绒毛的长度和密度（Wu et al.，2013），这对机体也是一种保护作用。另外，果寡糖还能促进肠道中微生物的平衡和增强一些有益菌的新陈代谢（Salze et al.，2008；Pan et al.，2009），这也有助于其发挥保护作用。具体的作用机制报道得较少，需要进一步的研究。

（二）氨氮应激条件下果寡糖对团头鲂免疫指标的影响

由表 2-6 得出，应激前投喂果寡糖的试验组溶菌酶活性显著高于对照组（$P<0.05$），NO 含量在各组并无显著差异（$P>0.05$），补体 ACH50 活性在 0.4%果寡糖组显著高于对照组（$P<0.05$）；应激后，血液溶菌酶和补体 ACH50 活性以及 NO 含量都呈现先升高后降低的趋势，并分别在 6h、6h 和 3h 达到最大值；并且在应激后的 0.4%果寡糖组，这些免疫指标在 3h 和 6h 显著高于对照组（$P<0.05$），溶菌酶活性在 3h 和 6h 的 0.8%果寡糖组也显著高于对照组（$P<0.05$）。

表 2-6　氨氮应激下果寡糖对团头鲂血液免疫指标的影响

指标	时间(h)	分组			双因素方差分析		
		0	0.40%	0.80%	果寡糖	时间	交互
溶菌酶(U/mL)	0	93.4±3.4[aB]	115.8±2.7[cBC]	104.4±3.2[bB]			
	3	113.0±3.4[aC]	126.1±3.0[bC]	125.5±1.9[bD]			
	6	133.6±3.3[aD]	158.1±3.8[bD]	144.5±2.7[abE]	***	***	ns
	12	112.2±4.1[C]	126.9±6.5[C]	115.4±3.4[C]			
	24	101.6±7.3[BC]	110.0±4.6[B]	110.1±4.5[BC]			
	48	72.4±7.0[A]	83.7±3.9[A]	73.8±2.7[A]			

（续）

指标	时间(h)	分组			双因素方差分析		
		0	0.40%	0.80%	果寡糖	时间	交互
一氧化氮(mmol/L)	0	68.5±0.4[C]	72.2±2.3[D]	70.1±0.72[D]	***	***	ns
	3	70.6±3.1[aC]	81.2±1.1[bE]	74.1±1.6[abD]			
	6	66.3±1.8[aC]	81.7±3.4[bE]	73.6±1.4[aD]			
	12	57.7±2.7[B]	58.1±1.6[C]	57.9±0.5[C]			
	24	46.1±2.3[A]	48.5±1.5[B]	47.7±0.9[B]			
	48	33.5±3.0[A]	37.7±1.8[A]	38.3±2.7[A]			
补体ACH50(U/L)	0	107.4±6.1[aB]	128.3±5.0[bBC]	117.3±5.4[abBC]	***	***	ns
	3	119.4±10.1[abBC]	145.0±1.0[bCD]	128.0±4.2[abC]			
	6	137.4±6.3[aC]	154.2±2.1[bD]	152.1±3.3[abD]			
	12	126.9±4.6[BC]	135.5±3.7[BC]	128.0±4.7[C]			
	24	110.0±5.9[B]	119.6±2.5[B]	110.9±2.1[B]			
	48	82.3±4.3[A]	99.7±11.7[A]	95.4±6.7[A]			

注：数据表示为平均值±标准误，同列数据上标含不同字母者差异显著。大写字母表示同一个组在不同时间点的变化情况，小写字母表示同一时间点各组之间的差异。***表示 $P < 0.000$，ns 表示无显著差异。

当鱼类机体处于应激状态时，它们的抗菌能力和免疫力都会受到抑制（Maule et al.，1989）。在氨氮应激下，机体对能量需求会增高（Bonga，1997），并且一些免疫抑制因子也会释放到血液组织中，这就会使免疫力下降（Barton and Iwama，1991）。本研究表明血液溶菌酶、补体 ACH50 的活性和总蛋白、球蛋白和免疫球蛋白的含量从 0～6h 都呈上升的趋势。这可能是由于急性应激刺激免疫系统，使机体的免疫功能急剧升高，表现为这些免疫指标活性的升高；但是随后这些指标又都呈下降趋势，并在 24h 或 48h 恢复到应激前的水平，说明了长时间的氨氮应激会造成免疫抑制。应激前 0.4% 果寡糖组的免疫指标大部分都显著高于对照组，证明果寡糖有提高团头鲂免疫力的功能，这在我们之前的研究中也得出了相似的结果；应激后在 3h 和 6h 处 0.4% 果寡糖组的免疫力高于对照组，这表明果寡糖在提高免疫力的同时也增强了对抗氨氮应激的作用，这可能与果寡糖促进了益生菌比如芽孢杆菌和乳酸菌的生长和增殖有关（Zhang et al.，2011），而这些细菌的细胞壁的组成成分比如脂多糖等都具有增强免疫功能，能刺激免疫系统，提高免疫力（Chang et al.，2003；Bricknell and Dalmo，2005）。

（三）氨氮应激条件下果寡糖对团头鲂血浆蛋白含量的影响

从表 2-7 得出，应激前，血液总蛋白和免疫球蛋白的含量在 0.4% 果寡糖组显著高于对照组（$P<0.05$），但是各组的球蛋白和白蛋白之间并无显著差异（$P>0.05$）；应激后各指标都呈先升高后降低的趋势，免疫球蛋白在3h和6h时的0.4%果寡糖组显著高于对照组（$P<0.05$），0.8%果寡糖组只有在3h处显著高于对照组（$P<0.05$），总蛋白、球蛋白和白蛋白的含量都呈相似的趋势，但是各组之间并无显著差异（$P>0.05$）。

表2-7　氨氮应激下果寡糖对团头鲂血液总蛋白、球蛋白、白蛋白和免疫球蛋白的影响

指标	时间(h)	分组			双因素方差分析		
		0	0.40%	0.80%	果寡糖	时间	交互
总蛋白(g/L)	0	36.7 ± 0.9^{aB}	42.6 ± 1.3^{bB}	40.6 ± 1.4^{abBC}	**	***	ns
	3	42.2 ± 2.1^{C}	43.9 ± 1.1^{BC}	40.1 ± 3.2^{BC}			
	6	45.7 ± 0.6^{C}	50.4 ± 4.4^{C}	45.5 ± 2.5^{C}			
	12	34.9 ± 2.3^{B}	38.3 ± 1.9^{B}	35.5 ± 2.4^{B}			
	24	35.1 ± 0.8^{B}	37.0 ± 2.0^{B}	35.9 ± 0.9^{B}			
	48	19.3 ± 1.7^{A}	24.5 ± 1.9^{A}	22.3 ± 2.4^{A}			
球蛋白(g/L)	0	18.7 ± 1.6^{BC}	22.5 ± 0.8^{BC}	21.5 ± 2.4^{BC}	ns	***	ns
	3	22.4 ± 3.4^{BC}	23.5 ± 1.5^{BC}	19.8 ± 3.2^{BC}			
	6	25.4 ± 1.2^{C}	29.82 ± 3.9^{C}	26.0 ± 1.9^{C}			
	12	15.7 ± 2.6^{B}	17.9 ± 2.4^{AB}	15.8 ± 1.9^{AB}			
	24	16.7 ± 0.7^{B}	17.4 ± 2.7^{AB}	16.7 ± 0.8^{AB}			
	48	7.2 ± 2.5^{A}	11.5 ± 1.4^{A}	9.65 ± 3.0^{A}			
白蛋白(g/L)	0	18.2 ± 0.7^{B}	20.1 ± 0.6^{B}	19.2 ± 1.6^{B}	ns	***	ns
	3	19.8 ± 1.6^{B}	20.4 ± 0.9^{B}	20.3 ± 1.3^{B}			
	6	20.3 ± 1.2^{B}	20.6 ± 1.1^{B}	19.5 ± 0.6^{B}			
	12	19.3 ± 0.5^{B}	20.3 ± 0.4^{B}	19.7 ± 1.8^{B}			
	24	18.4 ± 1.3^{B}	19.6 ± 0.8^{B}	19.1 ± 0.5^{B}			
	48	12.1 ± 0.8^{A}	13.1 ± 0.9^{A}	12.6 ± 1.0^{A}			
免疫球蛋白(g/L)	0	1.90 ± 0.10^{aAB}	2.21 ± 0.01^{bBC}	2.10 ± 0.1^{abBC}	***	***	ns
	3	2.11 ± 0.11^{aB}	2.30 ± 0.12^{bC}	2.22 ± 0.11^{abBC}			
	6	2.12 ± 0.11^{aAB}	2.41 ± 0.11^{bC}	2.33 ± 0.01^{bC}			
	12	1.91 ± 0.12^{AB}	2.12 ± 0.20^{ABC}	2.01 ± 0.12^{AB}			
	24	1.83 ± 0.12^{A}	2.00 ± 0.11^{AB}	2.00 ± 0.12^{ABC}			
	48	1.80 ± 0.13^{A}	1.92 ± 0.10^{A}	1.84 ± 0.02^{A}			

注：数据表示为平均值±标准误，同列数据上标含不同字母者差异显著。大写字母表示同一个组在不同时间点的变化情况，小写字母表示同一时间点各组之间的差异。**表示$P<0.00$，***表示$P<0.000$，ns表示无显著差异。

（四）氨氮应激条件下果寡糖对团头鲂肝脏抗氧化指标的影响

由图 2-14 可以看出，在应激之前，肝脏 SOD 和 CAT 活性在 0.4％果寡糖组显著高于对照组（$P<0.05$），但是 MDA 与之呈现相反的趋势；应激后 SOD 和 CAT 呈一直下降的趋势；而 MDA 呈一直上升的趋势。在应激后的 3h 时，SOD 和 CAT 活性在 0.4％果寡糖组显著高于对照组（$P<0.05$），CAT 在 6h 的试验组也显著高于对照组（$P<0.05$），而 MDA 的含量是在 0.4％果寡糖组的 6h 处显著低于对照组（$P<0.05$）。

正常情况下，自由基和抗氧化系统之间存在着平衡（Muñoz et al.，2000），但是在各种病理或应激条件下，它们之间的平衡会被打破（Wojtaszek，1997）。本试验得出应激后肝脏 SOD 和 CAT 活性都呈下降趋势，而 MDA 呈相反趋势，这可能是由于自由基的含量过高，而机体的处理能力有限，抗氧化功能受损（Bagnyukova et al.，2006）。另外，在非正常条件下，抗氧化酶会偏离平衡状态后，应激会使 MDA 含量增多（Qiang et al，2011）；应激后 3h 和 6h 投喂 0.4％果寡糖组 SOD 和 CAT 活性都显著高于对照组，这说明果寡糖有提高团头鲂抗氧化能力的功效，其原因可能是果寡糖可以提高机体对饲料的消化利用率（Wu et al.，2013），这会使机体对饲料中一些具有抗氧化功能的物质吸收增强，另外果寡糖本身也可能具有抗氧化功能（Niu et al.，2013），果寡糖的这种抗氧化功能有助于降低氧化应激带来的危害。本研

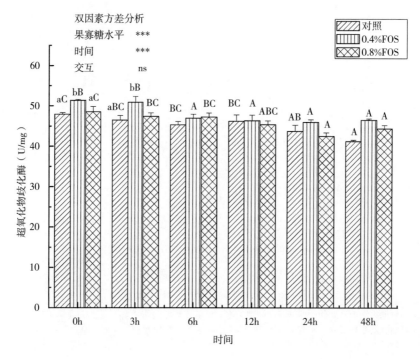

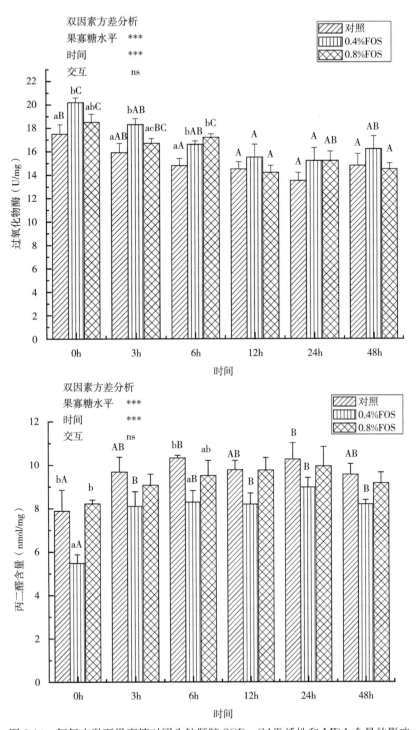

图 2-14 氨氮应激下果寡糖对团头鲂肝脏 SOD、CAT 活性和 MDA 含量的影响

究还得出 MDA 含量在添加果寡糖组也相应减少，这再次说明了果寡糖增强抗氧功能的效果，因为机体肝脏 MDA 的含量是评价抗氧化能力的重要指标（Nogueira et al.，2003）。抗氧化功能和免疫力得出相似的研究结果，它们共同反映了团头鲂的健康状况。

（五）氨氮应激条件下果寡糖对团头鲂死亡率的影响

从图 2-15 可以得出，在应激后的 12h 之内，各组死亡率并无明显变化（$P>0.05$），但是在氨氮应激后的 24h 和 48h 统计得出，投喂 0.4% 和 0.8% 果寡糖组的死亡率均显著低于对照组（$P<0.05$），并且双因素方差分析得出果寡糖水平和采样时间之间存在显著的交互作用（$P<0.05$）。

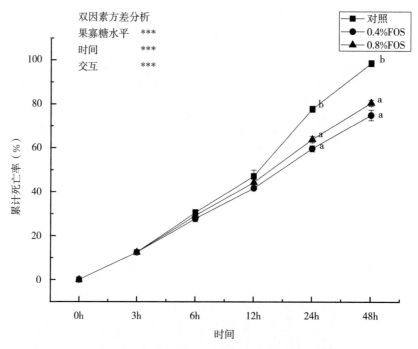

图 2-15　氨氮应激条件下果寡糖对团头鲂死亡率的影响

本研究得出，累计死亡率在氨氮应激条件下出现了上升的趋势，这可能是由于氧化应激和免疫抑制使机体的抗病力降低（Sheikhzadeh et al.，2012；Li et al.，2013）。在氧化应激状态条件下，猫鱼（*Pelteobagrus vachelli*）的抗病力降低，死亡率增加（Li et al.，2013），这可能是由于皮质醇的升高导致免疫力下降所造成的（Cheng et al.，2009）。之前的研究报道也指出血液中皮质醇增加，会造成白细胞和吞噬细胞数减少，鱼的抗病力下降（Barton，1991）。另外，在应激后 24h 和 48h 时，团头鲂的死亡率在添加果寡糖组显著低于对照组，这表明果寡糖可以降低氨氮的应激作用，这可能是由于细胞和体液免疫的提高使团头鲂抗病力有显著提高（Nya and Austin，2009）。之前的研究也证明了果寡糖的这种提高免疫力和抗病力的作用（Li et al.，2007；Ai et al.，2011；Soleimani et al.，2012；Zhang et al.，2013）。因此，在氨氮应激条件下饲料中添加果寡糖是提高团头鲂成活率的一种有效途径。

（六）氨氮应激条件下果寡糖对团头鲂 *HSP70* 和 *HSP90* 基因表达的影响

从图 2-16 得出，试验组的 *HSP70* 基因的相对表达量显著高于对照组（$P<0.05$），但是 HSP90 的表达量在各组并无显著差异（$P>0.05$）。在应激试验后，HSP70 和 HSP90 都呈现先升高后降低的趋势，在 12h 处达到最大值，在 48h 处又恢复到应激前水平，并且 0.4%果寡糖组的 HSP70 和 HSP90 在 3h、6h 和 12h 显著高于对照组（$P<0.05$）（除 HSP70 的 3h 外），0.8%果寡糖组的 HSP90 在 12h 处也显著高于对照组（$P<0.05$），并且双因素方差分析也得出果寡糖和采样时间的交互作用对 *HSP90* 的基因表达有显著影响（$P<0.05$）。

热休克蛋白在机体受到应激时有保护机体的作用，HSP70 和 HSP90 在蛋白重叠和修复中起到重要作用，并且也参与了机体的免疫反应（Fu et al.，2011）。以前研究指出应激和生理条件的改变会使它们的表达量上调

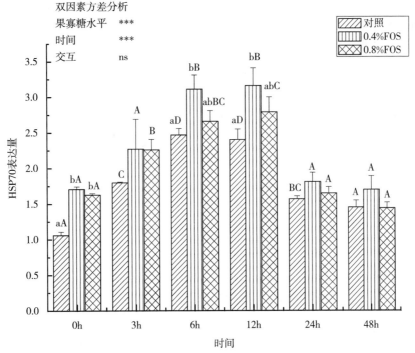

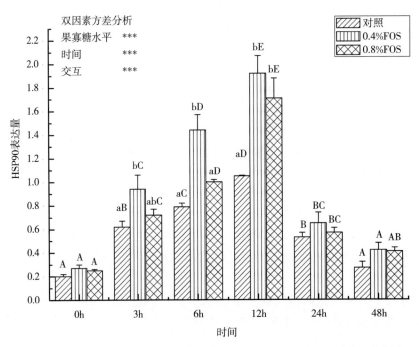

图 2-16　氨氮应激下果寡糖对团头鲂肝脏 *HSP70*、*HSP90* 基因表达的影响

（De Maio，1999）。本研究得出，在应激的 0～12h，它们的表达都出现上升的趋势但是随后又有降低趋势，这可能是由于在应激的初始阶段，它们先发挥对细胞的保护功能，避免机体受到损坏（Wu et al.，2012），但是随着应激时间的增长，机体对抗应激的能力已经超过承受能力时，就出现了表达量的下降趋势。相似的结果在栉孔扇贝（*Chlamys farreri*）氨氮应激（Wang et al.，2012）、团头鲂在高温应激以及海湾扇贝（*Argopecten irradians*）注射细菌都有报道（Gao et al.，2008；Ming et al.，2012）。添加果寡糖提高热休克蛋白表达水平有助于其增强对抗应激的能力，累计死亡率和免疫功能出现了相似的结果，其作用机制可能是由于果寡糖能够激活热休克蛋白基因转运和合成来阻止应激造成的负面作用（Santoro，2000），当然需要更多的研究来阐明其机制。

三、结论

本节研究得出 0.4% 的果寡糖组显著提高团头鲂的免疫指标活性、抗氧化能力和 *HSPs* 基因表达水平，同时也降低了氨氮的应激作用，但是过高浓度的果寡糖并未产生较好的效果。

第四节　急性氨氮应激下果寡糖对团头鲂非
特异性免疫指标的影响

氨氮是水产养殖环境中重要的污染胁迫因子之一，在水体中以离子氨（NH_4^+）和非离子氨（NH_3）$_2$两种形态存在，它们之间可以相互转换，其中非离子氨因为不带电荷，具有较强的脂溶性，能够穿透细胞膜，表现出毒性效应（姜令绪等，2004）。水体中过高的氨氮和亚硝酸盐能对鱼虾产生直接毒害作用，会使鱼类血液中氨氮浓度迅速升高而产生很大的毒害。池水积累一定量非离子氨会对鱼鳃表皮细胞造成损伤而使鱼的免疫力降低（Colt and Armstrong，1981）。许多学者认为在低于致死浓度的条件下，氨氮对鱼、虾鳃组织和生理功能（如氧消耗、氨排泄、渗透调节等）具有显著影响（Chen and Lin，1992）。近年来，由于高密度、集约化的养殖模式推广，水产动物排泄物的氨化作用增强，饵料利用率低，残饵剩余较多，再加上硬骨鱼类对氨氮毒性非常敏感（Handy and Poxton，1993），容易造成免疫力下降，病原菌感染加剧，死亡率升高。本试验通过研究氨氮应激对团头鲂非特异性免疫的影响，旨在为团头鲂及其他草食性淡水鱼养殖中应激预防提供基础数据和理论依据。

果寡糖作为有益微生物的养分来源，可通过选择性刺激肠道中原有或外来菌种的生长和活性来影响宿主，对动物胃肠道微生物区系、免疫等功能有重要影响。对三角鲂、异育银鲫等研究的结果表明，果寡糖能显著提高其白细胞吞噬活性、血清溶菌酶活力、血清超氧化物歧化酶活力和补体含量（Soleimani et al.，2012；Zhang et al.，2010）。但研究果寡糖在应激条件下对鱼类免疫状况的影响至今还是空白。本节以团头鲂为研究对象，研究果寡糖在急性氨氮胁迫下对团头鲂非特异性免疫反应的影响，为团头鲂养殖水环境调控和病害防治提供科学依据。

一、材料与方法

（一）试验饲料
参见第二章第二节。

（二）试验鱼与饲养管理
试验用鱼团头鲂由江苏南京浦口基地提供。试验鱼在网箱中驯养 15d 后，选择体质健壮、规格一致、初始体重（13.5±0.5）g 的团头鲂 360 尾，随机分成 3 组，其中 1 组为对照组，另外 2 组为试验组，每组 4 重复，每个重复 30 尾鱼，分别饲养于室外网箱（1m×1m×1m）中，每天投饵量为鱼体重的 3%～

6%，根据吃食情况进行适度调整，每天投喂 3 次，投喂时间分别为 7：30、12：30、17：30，试验期间保持水体 pH 7.0～8.0，溶解氧＞5.0mg/L，氨氮＜0.3mg/L，亚硝酸盐＜0.1mg/L，以保证水质优良。每天对天气、水温、摄食、死鱼等情况进行记录，养殖周期为 8 周。

（三）氨氮应激试验

饲养结束后，把鱼转移到水族箱中，稳定 2d 后，用氯化铵调制水中氨氮质量浓度 10mg/L，氨氮浓度的测定用次溴酸盐氧化法，每隔 2 h 测一次水中氨氮浓度和 pH，保证其基本稳定，分别于应激前 0h 和应激后 3h、6h、12h、24h、48h 进行采样。

（四）样品采集与测定

分别在应激前后的各个时间点随机从每缸中取 3 尾鱼，用 MS-222（100mg/L）进行麻醉，尾静脉采血，放入含肝素钠的离心管中。血样于 4℃冰箱中静置 2h，然后在 4℃、3 000g 离心 10min，上清液移置－20℃冰箱中保存备用。

二、结果

（一）果寡糖对团头鲂血清谷丙转氨酶和谷草转氨酶活性的影响

由图 2-17 和图 2-18 可知，在氨氮应激下，各组团头鲂血清谷丙转氨酶（GPT）和谷草转氨酶（GOT）的活性呈升高趋势。在应激前，各组 GPT 水

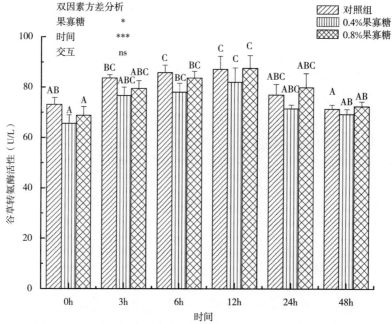

图 2-17　氨氮应激下果寡糖对团头鲂血液谷草转氨酶活性的影响

注：大写字母表示同一个组在不同时间点的变化情况。

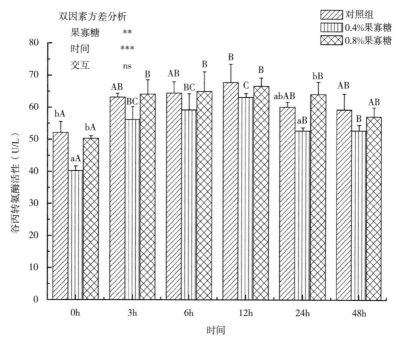

图 2-18　氨氮应激下果寡糖对团头鲂血液谷丙转氨酶活性的影响

注：大写字母表示同一个组在不同时间点的变化情况，小写字母表示同一时间点各组之间的差异。

平的差异不显著，GOT 活性 0.4% FOS 组显著低于对照组和 0.8% FOS 组。应激后，0.4% FOS 添加组的 GOT 活性有升高的趋势，但仅在 24h 时显著低于 0.8% 组，0.8% 组和对照组之间并无显著差异。另外，FOS 添加水平和采样时间不存在交互作用。

　　本研究得出谷丙转氨酶和谷草转氨酶都随着氨氮应激时间的延长呈现先增高后降低的趋势，并在应激后的 12h 达到最大值，这可能是由于高浓度的氨氮胁迫导致机体脂质过氧化物增多，肝细胞受到损伤，影响了肝细胞的正常的生理功能。Jeney 等（1992）研究表明鲤受到高浓度氨氮胁迫后，血清谷丙转氨酶活力出现类似的趋势。胡毅等（2012）的研究指出当用 10mg/L 或 20mg/L 的氨氮胁迫青鱼时，其血清也出现谷丙转氨酶升高的趋势。这可能是因为随着应激时间的延长，破坏鱼类血清酸碱平衡和血清离子的衡态，影响了鱼体内环境的稳定。非特异性免疫系统遭到破坏，免疫力下降，对病原菌的易感染性也增强。但是在添加果寡糖 0.4% 组谷丙转氨酶和谷草转氨酶的活性与对照组相比，都有一定程度的降低，这表明果寡糖在氨氮应激下有保护肝细胞和心肌细胞的作用。

（二）果寡糖对团头鲂血清碱性磷酸酶和酸性磷酸酶活性的影响

由图 2-19 和图 2-20 可知，在氨氮应激下，各组血清碱性磷酸酶（AKP）

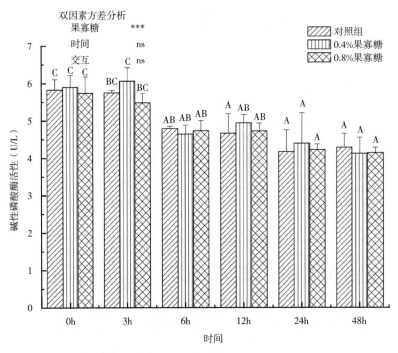

图 2-19 氨氮应激下果寡糖对团头鲂血液碱性磷酸酶含量的影响

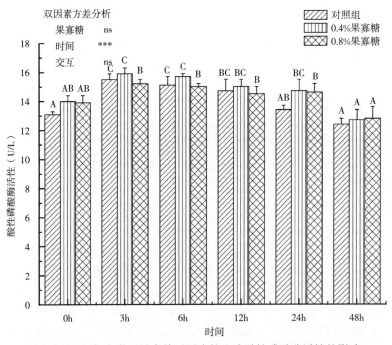

图 2-20 氨氮应激下果寡糖对团头鲂血液酸性磷酸酶活性的影响

出现显著降低趋势，并在24～48h几乎趋于稳定；而酸性磷酸酶（ACP）出现先升高后降低的趋势，在3～6h达到最高；饲料中添加FOS后，AKP、ACP活性都有所升高，但各组在采样前后差异均不显著，且双因素分析得出果寡糖添加水平和采样时间并无交互作用。

本试验得出血清中酸性磷酸酶的活性呈先升高后下降的变化趋势。碱性磷酸酶一直处于降低趋势，可能是因为鱼生活在氨氮浓度较高的环境中，机体会进行一些适应性调节。在适当的环境胁迫下，可能会刺激一些酶的表达，酶的活性增强，但是随着应激时间的延长，某些酶的构象会发生变化，不利于酶与底物的结合，从而导致活力下降，这说明机体对外界不良刺激的抵抗力下降。环境因子对组织中酶活性的影响及其作用机制还有待于进一步研究。本研究得出在应激前后血清酸性磷酸酶和碱性磷酸酶活性在0.4%果寡糖组显著高于对照组和0.8%组，这表明果寡糖可以提高团头鲂的非特异性免疫，增强其抵抗氨氮应激的能力。这可能与果寡糖促进了益生菌比如芽孢杆菌和乳酸菌的生长和增殖有关；另外，这些微生物能够促进免疫因子和免疫球蛋白的分泌，增强机体的免疫活性（Yasui and Ohwaki，1991）。

（三）果寡糖对团头鲂血清补体C3、C4和酚氧化物酶的影响

由图2-21和图2-22可知，在氨氮应激下各组血清补体C3在0～24h呈升

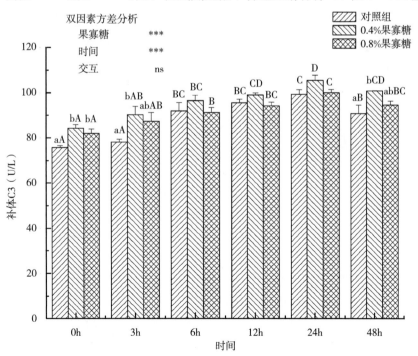

图2-21 氨氮应激下果寡糖对团头鲂血液补体C3的影响

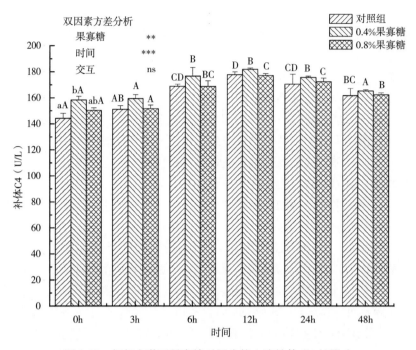

图 2-22　氨氮应激下果寡糖对团头鲂血液补体 C4 的影响

高趋势，而 C4 在 0～12h 呈升高趋势，之后出现了降低趋势；添加 0.4％ FOS 组在应激前 C3、C4 都显著高于对照组，且 0.8％ FOS 组 C3 出现相似结果，氨氮应激后添加 0.4％ FOS 组 C3、C4 都有升高趋势，但是各组差异并不显著。由图 2-23 得出，氨氮应激前，酚氧化酶（PO）在 0.4％ FOS 组显著高于对照组，而 0.8％组和对照组无显著差异，氨氮应激后对照组呈先升高后降低的趋势，但其他两组并无显著变化，且 FOS 水平和采样时间对 C3、C4 和 PO 都无交互作用。

　　本研究发现随着应激时间的延长，补体 C3、C4 都出现先升高后降低的趋势，这可能是因为鱼类在受到氨氮胁迫后，引起了鱼体的急性应激反应，通过大量分泌皮质醇来促进糖的合成、脂肪降解以获得能量，会增加特定蛋白（如溶菌酶、补体和 C 反应蛋白等）的水平来增强机体的免疫力（Mock and Peters，1990），共同抵抗病原菌的侵袭，从而导致血清中某些蛋白的水平升高，当应激强度超出鱼体防御机能时，这些蛋白的合成能力就会减弱，从而表现为某些酶的活性降低。周显青研究结果表明，应激能够降低中华幼鳖补体活性和含量（周显青等，2002），鱼类受到氨氮应激后，鱼体的免疫机能会受到影响，但是影响程度还会因种类的不同而有所差异（Bowden and Thompson，2007）。

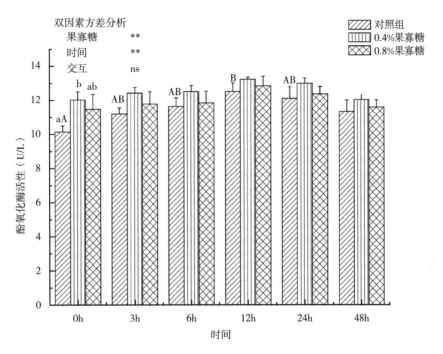

图 2-23　氨氮应激下果寡糖对团头鲂血液酚氧化酶的影响

酚氧化酶是重要的免疫应答因子，在异物识别中起到重要作用。在机体受到外界异物侵袭或者外界环境发生变化时，细胞会通过胞吐作用把酚氧化酶原释放到周围介质中，从而使酚氧化酶被激活，活性升高（Sung and Hwang，2000）。本试验结果表明酚氧化酶随着应激时间的延长呈现先升高后降低的趋势，在应激后的 12h 出现最大值，这表明氨氮急性应激刺激机体发生应激反应，神经内分泌系统分泌生物胺等内分泌因子，诱发启动了 proPO 系统，酚氧化酶原系统释放到周围的细胞间质中，出现酶活性升高的现象，这与投喂芽孢杆菌的斑节对虾在注射嗜水气单胞菌后血液酚氧化酶活性有升高现象相似。但是随着应激时间的增长，酶活性出现下降趋势，这可能是由于长时间的氨氮应激对酚氧化酶原的颗粒细胞造成了损伤（Sequeira et al.，1995），导致 PO 活性的降低。黄鹤忠等（2006）研究表明高浓度的氨氮随着胁迫时间的延长，中华绒螯蟹血液中溶菌酶、酚氧化酶和超氧化酶的活性都出现下降的趋势，机体的非特异免疫系统遭到损害，机体的细胞和组织都受到一定程度的损伤。由以上结果可以得出，氨氮对酚氧化酶的影响是一个比较复杂的过程，在一定程度上反映了机体的健康状况，其作用机制还需进一步的研究。

三、结论

饲料中添加 0.4％的果寡糖提高了血清中补体 C3、C4 的含量和酚氧化酶的活性，增强了团头鲂的免疫功能，并提高了抗氨氮应激的能力。

第三章　果寡糖对水产动物
生长性能的影响

第一节　果寡糖添加水平和投喂模式
对团头鲂生长性能的影响

团头鲂是我国一种重要的经济型鱼类，它具有生长速度快、易繁殖、风味佳和经济价值高等特点，是比较适合水产养殖发展的品种（Zhou et al.，2008）。但是，随着养殖规模的不断扩大，疾病暴发时有发生，这对养殖业的可持续发展造成了很大的威胁。因此，改善鱼类健康，提高抗病力是保证其发展的重要途径，在过去，对抗疾病主要是使用抗生素（Zhang et al.，2010），但是抗生素会对人类健康造成危害（FAO，2004）。据报道，疫苗、益生元、益生菌、免疫增强剂都可以增强鱼体的免疫力，益生元中的果寡糖、壳聚寡糖、菊糖等能够有效提高水产动物的抗病力（Pharmaceutiques，1995；Ibrahem et al.，2010；Akrami et al.，2013；Guerreiro et al.，2014；Song et al.，2014）。事实上，近年来益生元在水产养殖中的应用得到了一致好评，因此受到了越来越广泛的的关注。

我们以前的研究中已证实了果寡糖的促生长和增强免疫功能的功效（Soleimani et al.，2012；Akrami et al.，2013；Wu et al.，2013；Zhang et al.，2013；Guerreiro et al.，2014）。先前的研究中果寡糖都是作为添加剂添加到饲料中并连续投喂动物，但是另一些研究表明长时期投喂高剂量的果寡糖效果不佳，提高养殖成本，还会出现抑制生长、腹泻、免疫抑制等问题，部分研究表明，采用间隔投喂的办法能解决这些问题（Bai et al.，2010；Chang et al.，2000）。至今为止，果寡糖的投喂模式在提高鱼类生长方面的研究还未见报道。因此，本研究将果寡糖的添加水平和投喂模式交互，探讨它们对团头鲂生长的影响。

一、材料和方法

（一）果寡糖来源和饲料制作
参见第二章第一节。

（二）试验鱼及试验设计

试验团头鲂由南京农业大学浦口养殖基地提供，初重为（12.8±0.5）g，试验鱼先驯养 4 周，驯养期间，每天用基础日粮投喂 3 次，驯养结束后，挑选体格健壮、规格一致的团头鲂 600 尾，随机分成 5 组，每组 4 个重复，每个网箱 30 尾鱼。对照组投喂基础饲料（D_1）；第 2 组投喂基础饲料加 0.4％果寡糖（D_2）；第 3 组投喂基础饲料加 0.8％果寡糖（D_3）；第 4 组投喂基础饲料 5d，投喂第 2 组的饲料 2d（D_4）；第 5 组投喂基础饲料 5 天，投喂第 3 组的饲料 2d（D_5）；养殖周期持续 8 周，分别在每天的 7：00、12：00、17：00 投喂，饲养期间，光照采用自然光，温度在 23～30℃，pH 在 6.5～7.5，溶解氧大于 5mg/L。

二、结果

试验结束后，称重并计算其增重率（Weight gain，WG）、特定生长率（Specific growth rate，SGR）、饵料系数（Feed conversion ratio，FCR），计算公式如下：

$$WG = 100\% \times (W_f - W_i) / W_i$$
$$SGR = 100\% \times (\ln W_f - \ln W_i) / t$$
$$FCR = 摄食量 / (W_f - W_i)$$

式中，W_f 是末重（g），W_i 是初重（g），t 是试验天数（d）。

从表 3-1 可以得出，饲料中添加适宜水平的果寡糖和采取适宜的投喂模式对团头鲂的生长性能有显著提高作用，第 2 组和第 5 组的 WG 和 SGR 显著高于（$P<0.05$）对照组和第 3 组，第 3 组的末重与第 4 组之间并无明显差异（$P>0.05$），但是显著低于第 2 组（$P<0.05$）；饵料系数则呈相反的趋势，在第 2 组和第 5 组 FCR 较低，显著低于（$P<0.05$）对照组。双因素方差分析得出，饲料中果寡糖添加水平和投喂模式之间存在显著（$P<0.05$）的交互作用。

表 3-1　不同浓度的果寡糖在不同投喂模式下对团头鲂生长性能的影响

饲料	初重（g）	末重（g）	增重率（％）	特定生长率（％/d）	饵料系数
D_1	12.90±0.13	67.09±1.25[a]	419.91±4.72[a]	2.94±0.02[a]	1.48±0.05[c]
D_2	12.81±0.09	78.32±1.96[c]	511.24±10.80[c]	3.23±0.03[c]	1.32±0.02[a]
D_3	12.75±0.14	69.44±1.09[ab]	440.74±5.61[a]	3.01±0.02[a]	1.43±0.05[abc]
D_4	12.91±0.08	71.47±4.43[abc]	451.32±28.7[ab]	3.04±0.09[ab]	1.45±0.04[bc]
D_5	13.02±0.13	77.04±0.99[bc]	495.81±7.04[bc]	3.19±0.02[bc]	1.34±0.01[ab]

（续）

饲料	初重 （g）	末重 （g）	增重率 （%）	特定生长率 （%/d）	饲料系数
双因素方差分析					
果寡糖水平	*	**	**	*
投喂模式	ns	ns	ns	ns
交互	*	**	**	*

注：数据表示为平均值±标准误，同列数据上标含相同字母者差异不显著。* 代表 $P<0.05$，** 代表 $P<0.01$，ns 代表无显著差异。

笔者研究得出，饲料中添加适量的果寡糖和适宜的投喂模式能够促进团头鲂的生长，试验组的末重、增重率和特定生长率明显高于对照组，饲料系数的降低说明添加果寡糖提高了饲料利用率。果寡糖对团头鲂的促生长作用可能与肠道功能的改善有密切联系，肠道消化酶的活性和微绒毛的发育情况在添加果寡糖组要好于对照组，这有助于提高肠道对饲料的消化和吸收功能（Dimitroglou et al.，2009）。这可能和肠道微生物菌群的改善也有一定的关系，微生物会参与水产动物的消化、吸收和代谢过程（Ringø et al.，2010），并能通过增强有益菌的生长和增殖，抑制有害菌来改变肠道内某些特定菌群（Li et al.，2007；Ringø et al.，2010）。需要重点指出的是，本研究得出连续添加 0.8% 的果寡糖并不能提高生产性能，但是采用间隔投喂的方式产生了较好的效果。从这些结果可以得出连续投喂高浓度的果寡糖降低了其功效，这可能是由于肠道内的微生物不能消化过多的果寡糖，残留在肠道内，而对肠道造成了危害（Sakai，1999；Hoseinifar et al.，2011）。这和白楠等研究的结果较为相似，投喂 2d 的壳聚寡糖然后再投喂 5d 的基础日粮组的小龙虾有较好的特定生长率（Bai et al.，2010）。关于这方面报道的文献比较有限，具体的作用机制还要进一步研究。

第二节　果寡糖和地衣芽孢杆菌交互对
三角鲂生长性能的影响

益生元是不能全部被肠道消化吸收，但可以通过改变肠道微生物菌群和活性，从而促进机体健康的一类物质（Gibson et al.，2004）。作为一种常见的益生素，果寡糖在水产养殖中的运用也日益广泛，已有报道证实它可提高动物的消化功能、肠道微绒毛的发育状况和生长性能（Merrifield et al.，2010；Ringø et al.，2010），但是关于它在淡水草食性鱼类的报道几乎为零。益生菌是能够提高机体消化酶活性和生长性能的一类活菌物质（Ringø and

Gatesoupe，1998）。研究已证实益生菌通过提高鱼类生长性能和饲料利用率来降低生产成本（Yanbo and Zirong，2006）。在常见的益生菌中，芽孢杆菌作为一种新型饲料添加剂已被越来越广泛地应用于水产养殖中（Rengpipat et al.，1998，2000；Nayak et al.，2007；Wang，2007；Zhou et al.，2009）。但是水产养殖中对地衣芽孢杆菌的研究较少，并且益生菌和益生元之前也都是作为饲料添加剂单独使用，二者的交互研究也较少。有研究证明，二者配合使用的效果比单独使用要好（Zhang et al.，2010；Ibrahem et al.，2010；Daniels et al.，2010；Wang et al.，2011）。因此，研究果寡糖和地衣芽孢杆菌之间的交互作用对水产养殖业有很重要的意义。

三角鲂属于鲤科鱼类，是一种典型淡水草食性鱼类，具有生长速度快、肉质鲜美、市场前景好、抗病力强等特点，成为我国重要的经济型鱼类之一。但是近年来，随着养殖规模的不断扩大，出现了生长受阻、饲料利用率低、死亡率增加等问题，造成了巨大的经济损失。因此，寻找安全、可靠的方法提高其生长性能和饲料利用率是解决这些问题的主要途径。本书主要研究了果寡糖和地衣芽孢杆菌对三角鲂生长性能、体组成、肠道消化酶和肠道微绒毛发育的影响，这些研究结果对以后了解益生元和益生菌在水产动物上的应用有实际的指导作用。

一、材料和方法

（一）试验设计及饲料制作

试验中用到的果寡糖来自日本明治集团，其中有效成分≥95％，其他成分≤5％；地衣芽孢杆菌（*B. licheniformis*）由美国雅莱大药房赞助提供，其活菌含量是5×10^9CFU/g。

试验前，各种原料的养分含量都提前测定以方便接下来的饲料配方的配制，鱼粉、豆粕、菜粕和棉粕作为蛋白源，脂肪源是由鱼油和豆油1：1配合提供，面粉作为糖源，果寡糖添加量分别为0、0.3％、0.6％，地衣芽孢杆菌为0、1×10^7CFU/g、5×10^7CFU/g三个水平，采用3×3因子，相应的饲料命名为0/0、0/3、0/6、1/0、1/3、1/6、5/0、5/3、5/6组，果寡糖和芽孢杆菌采用逐级扩大的方法加到饲料中，各种原料混匀后，再加入适量的油和水，然后在制粒机上制成大约2mm大小的沉性颗粒饲料。饲料加工好之后，自然风干放于4℃冰箱保存。

（二）养殖试验

三角鲂购自浙江杭州一鱼苗孵化厂。试验开始前，先进行驯化4周，在这期间，每天投喂商品料3次，待鱼情稳定之后，挑选健康无病、规格整齐，初重为（30.5±0.5）g的三角鲂720尾，随机分为9组，每组4个重复，共36

个网箱，网箱规格为 $1m \times 1m \times 1m$（长×宽×高），每个网箱有 20 尾鱼，每天 6：30、12：00 和 17：30 进行投喂，试验周期为 8 周，养殖期间采用自然光照，水温在 25～30℃，pH 控制在 6.5～7.5，溶解氧大于 5mg/L。

二、结果

（一）果寡糖和芽孢杆菌交互对三角鲂生长性能的影响

三角鲂的生长性能如表 3-2 所示，末重、增重率和特定生长率的值都随着饲料中果寡糖的添加水平的增加而呈上升趋势，在添加 0.6％时达到最大值，显著好于对照组（$P<0.05$）；而随着地衣芽孢杆菌添加水平的增加而呈先升高后下降的趋势，在添加量为 $1 \times 10^7 CFU/g$ 值最大；并且果寡糖和地衣芽孢杆菌的交互作用对三角鲂的末重、增重率、特定生长率和成活率都有显著影响（$P<0.05$），三角鲂生长性能最好的是添加果寡糖 0.3％配合 $1 \times 10^7 CFU/g$ 的芽孢杆菌使用这一组，饵料系数在这一组出现最低值。

表 3-2　饲料中添加果寡糖和芽孢杆菌对三角鲂生长性能的影响

饲料	初重（g）	末重（g）	增重率（％）	特定生长率（％/d）	饵料系数（％）	存活率（％）
0/0	30.5±0.2	84.6±3.1[a]	159±3[a]	1.54±0.04[a]	1.92±0.04[c]	85.2±1.7[a]
0/3	30.3±0.4	88.2±2.5[ab]	177±13[ab]	1.65±0.02[ab]	1.69±0.05[ab]	93.0±2.2[b]
0/6	30.7±0.4	97.7±3.5[bc]	205±15[c]	1.76±0.05[bc]	1.67±0.03[ab]	95.1±2.3[b]
1/0	30.7±0.5	88.7±1.4[ab]	177±7[ab]	1.66±0.05[ab]	1.79±0.03[abc]	93.9±2.6[b]
1/3	30.4±0.6	103±5.3[c]	209±7[c]	1.80±0.02[c]	1.65±0.04[a]	94.8±2.5[b]
1/6	30.9±0.5	94.7±1.0[abc]	189±4[bc]	1.74±0.04[bc]	1.82±0.08[bc]	96.7±1.9[b]
5/0	30.8±0.4	89.9±3.1[ab]	174±5[ab]	1.67±0.04[abc]	1.75±0.04[ab]	93.3±2.7[b]
5/3	30.2±0.2	89.4±1.3[ab]	172±4[ab]	1.64±0.05[ab]	1.81±0.05[bc]	92.5±2.0[b]
5/6	30.7±0.2	93.6±2.4[ab]	178±2[ab]	1.68±0.04[abc]	1.82±0.06[bc]	89.1±2.5[ab]
果寡糖（％）						
0		86.8±2.5[a]	166±6[a]	1.59±0.02[a]	1.82±0.02	91.3±1.3
0.3		93.6±2.4[ab]	185±5[ab]	1.72±0.02[b]	1.65±0.02	94.1±1.3
0.6		96.3±2.4[b]	190±5[b]	1.75±0.02[b]	1.72±0.02	92.5±1.3
芽孢杆菌（CFU/g）						
0		89.3±2.8	176±6[a]	1.64±0.02[a]	1.80±0.01	91.1±1.8
1×10^7		95.4±2.7	192±6[b]	1.76±0.02[b]	1.68±0.01	94.6±2.0
5×10^7		92.9±2.7	174±6[a]	1.66±0.02[a]	1.71±0.02	92.1±1.8

（续）

饲料	初重（g）	末重（g）	增重率（%）	特定生长率（%/d）	饵料系数（%）	存活率（%）
双因素方差分析						
果寡糖		**	**	*	ns	ns
芽孢杆菌		ns	*	*	ns	ns
交互		*	*	*	**	*

注：数据表示为平均值±标准误，同列数据上标含相同字母者差异不显著。* 代表 $P<0.05$，** 代表 $P<0.01$，ns 代表无显著差异。

（二）果寡糖和芽孢杆菌交互对三角鲂形体指标的影响

三角鲂的形体指标如表 3-3 所示，肥满度和胴体率在各组并无显著差异（$P>0.05$）；地衣芽孢杆菌的添加量对三角鲂的肝体比有显著影响（$P<0.05$），并在 1×10^7 CFU/g 组出现最小值；果寡糖的添加水平对三角鲂的肝体比和脏体比影响并不显著（$P>0.05$）；但是果寡糖和芽孢杆菌的交互作用对肝体比和脏体比都有显著的影响（$P<0.05$），最小值分别在 1/3 和 0/6 组。

表 3-3　饲料中添加果寡糖和芽孢杆菌对三角鲂形体指标的影响

饲料	肥满度（%）	脏体比（%）	肝体比（%）	胴体率（%）
0/0	2.23±0.23	7.48±0.22[c]	1.10±0.02[b]	74.2±0.6
0/3	2.26±0.24	6.51±0.20[ab]	0.93±0.07[a]	74.7±0.4
0/6	2.26±0.53	6.30±0.29[a]	0.88±0.41[a]	75.0±0.2
1/0	2.24±0.52	6.41±0.27[a]	0.92±0.55[a]	75.1±0.4
1/3	2.28±0.38	6.25±0.20[a]	0.89±0.02[a]	75.2±0.6
1/6	2.24±0.27	6.34±0.26[a]	0.94±0.03[a]	74.7±0.4
5/0	2.27±0.80	6.52±0.14[ab]	0.94±0.06[a]	74.9±0.9
5/3	2.25±0.25	6.55±0.13[ab]	0.97±0.04[ab]	74.9±0.5
5/6	2.22±0.22	7.12±0.31[abc]	1.03±0.60[ab]	74.6±0.3
果寡糖（%）				
0	2.25±0.25	6.81±0.13	0.99±0.07	74.7±0.3
0.3	2.26±0.24	6.45±0.13	0.93±0.07	74.9±03
0.6	2.24±0.25	6.59±0.16	0.95±0.07	74.8±0.3
芽孢杆菌（CFU/g）				
0	2.25±0.27	6.77±0.13[b]	0.97±0.03	74.6±0.3
1×10^7	2.25±0.25	6.34±0.13[a]	0.92±0.03	74.9±0.3

（续）

饲料	肥满度（%）	脏体比（%）	肝体比（%）	胴体率（%）
5×10^7	2.25±0.25	6.73±0.14[b]	0.92±0.03	74.8±0.3
双因素方差分析				
果寡糖	ns	ns	ns	ns
芽孢杆菌	ns	*	ns	ns
交互	ns	*	*	ns

注：数据表示为平均值±标准误，同列数据上标含相同字母者差异不显著。* 代表 $P<0.05$, ** 代表 $P<0.01$，ns 代表无显著差异。

（三）果寡糖和芽孢杆菌交互对三角鲂胴体组成成分的影响

胴体组成成分如表 3-4 所示，胴体水分、蛋白和灰分在各组之间并无显著差异（$P>0.05$），但是胴体的脂肪含量受到芽孢杆菌添加水平以及果寡糖和地衣芽孢杆菌交互作用影响显著（$P<0.05$），并在 1/3 组出现最大值。

表 3-4　饲料中添加果寡糖和芽孢杆菌对胴体组成成分的影响

饲料	水分	粗蛋白	粗脂肪	粗灰分
0/0 组（%）	73.8±0.1	17.18±0.03	4.57±0.07[a]	3.33±0.31
0/3 组（%）	73.1±0.2	17.59±0.11	4.73±0.06[abc]	3.32±0.38
0/6 组（%）	73.3±0.2	17.60±0.17	4.91±0.09[c]	3.38±0.11
1/0 组（%）	73.5±0.4	17.76±0.32	4.87±0.07[bc]	3.38±0.06
1/3 组（%）	72.5±0.3	17.53±0.34	4.94±0.08[c]	3.34±0.03
1/6 组（%）	73.2±0.1	18.05±0.27	4.77±0.07[abc]	3.26±0.03
5/0 组（%）	73.5±0.4	17.62±0.22	4.78±0.04[abc]	3.30±0.04
5/3 组（%）	73.7±0.1	17.41±0.16	4.77±0.04[abc]	3.34±0.06
5/6 组（%）	73.6±0.1	17.30±0.29	4.64±0.15[ab]	3.31±0.04
果寡糖（%）				
0	73.6±0.3	17.41±014	4.67±0.09	3.34±0.03
0.3	73.1±0.2	17.68±0.25	4.69±0.04	3.33±0.03
0.6	73.4±0.3	17.54±0.25	4.72±0.04	3.33±0.03
芽孢杆菌（CFU/g）				
0	73.4±0.1[ab]	17.36±0.20	4.71±0.09	3.35±0.04
1×10^7	73.1±0.2[a]	17.84±0.20	4.69±0.09	3.33±0.04
5×10^7	73.6±0.2[b]	17.41±0.22	4.68±0.09	3.33±0.04

（续）

饲料	水分	粗蛋白	粗脂肪	粗灰分
双因素方差分析				
果寡糖	ns	ns	ns	ns
芽孢杆菌	*	ns	ns	ns
交互	ns	ns	*	ns

注：数据表示为平均值±标准误，同列数据上标含相同字母者差异不显著。* 代表 $P<0.05$，** 代表 $P<0.01$，ns 代表无显著差异。

笔者研究得出，单独或者配合使用果寡糖和芽孢杆菌都提高了三角鲂的生长性能；随着果寡糖添加水平的升高，末重、增重率和特定生长率都呈上升趋势，而饵料系数则呈相反的趋势。之前的研究证明益生元可以增强机体肠道的消化和吸收能力，改善肠道内环境，增强消化吸收酶的活性，并促进肠道微绒毛的发育，最后提高动物的生长性能（Scheppach，1994；Mahious et al.，2006；Daniels et al.，2010；Soleimani et al.，2012）。在本研究中肠道消化吸收酶的活性和微绒毛长度都有所提高，从而促进了三角鲂的生长。另外，果寡糖可以选择性地提高肠道内某些有益菌的活性，比如乳酸菌和芽孢杆菌等（Ringø et al.，2006；Li et al.，2007）。这些有益菌保证了机体的健康水平，有利于动物的生长。但是，益生元对益生菌的具体调节作用，肠道微生物菌群的改变是如何影响三角鲂的生长性能的，还需大量的研究进行证实。饲料中添加适宜水平的地衣芽孢杆菌对增重率和特定生长率都有显著的提高作用，益生菌可以通过提高维生素的合成和酶的活性来增强消化吸收功能和生长性能。芽孢杆菌和果寡糖的交互作用对三角鲂的生长性能也有显著影响，这可能是果寡糖可以为益生菌的生长提供营养，而益生菌可以为益生元的代谢提供底物，芽孢杆菌的加入增强了肠道内有益菌的竞争性，削弱了有害菌的竞争性，从而促进了动物的生长，并且配合使用果寡糖和芽孢杆菌对三角鲂产生的效果比单独使用要好得多。类似的试验结果在虹鳟（Rodriguez-Estrada et al.，2009）和南美白对虾（Li et al.，2007）上也有所报道，但是对大黄鱼的研究发现果寡糖和枯草芽孢杆菌的交互作用并不显著（Ai et al.，2011）。这些差异可能是由于鱼的品种、养殖环境等不同而造成的，这些因素会影响益生元和益生菌的作用效果。

第三节　果寡糖和德氏乳酸菌对锦鲤生长性能的影响

德氏乳酸菌（*Lactobacillus delbrueckii*）是一种优质、安全的益生菌，已有研究报道德氏乳酸菌有增强鱼类对饲料的利用率、提高生长性能、促进机体免疫和调节肠道微生物平衡等多种功效（Zhang et al.，2019）。研究发现益生菌和益生元联用，可以有效提高益生菌对鱼体的保护效果（Zhang et al.，2015）。Addo 等（2017）发现，芽孢杆菌和半纤维素提取物联合使用效果好于单一使用益生菌。但是 Cerezuela 等（2013）研究发现了不同的结果，芽孢杆菌联合菊粉在调节金头鲷促炎因子表达上的效果并不好于单一使用芽孢杆菌。关于果寡糖和德氏乳酸菌联用对锦鲤的生长性能、消化酶和免疫指标活性的影响还见未报道。果寡糖与德氏乳酸菌在鱼类肠道中的作用关系较为复杂，更有待进一步探讨研究。

锦鲤体色鲜艳，金鳞赤尾，具有生长速度快、适应性强、易饲养、市场价格高等优点，但是目前大规模、高密度养殖，使其抗病力有所下降（殷海成等 2013）。因此，如何提高锦鲤健康状况，是研究者有待解决的问题之一。本节旨在研究饲料中添加果寡糖、德氏乳酸菌及其复合物对锦鲤的影响，探讨二者对锦鲤的作用效果及作用机理，为果寡糖和乳酸菌在水产饲料中的合理利用提供科学依据。

一、材料与方法

（一）试验饲料

根据锦鲤的营养需要配制试验用基础饲料，基础饲料的配方和营养水平组成见表 3-5，饲料原料购自洛阳奥华饲料有限公司，各饲料原料粉碎度均过 60 目筛；果寡糖和德氏乳酸菌分别与对应组的预混料混合均匀后（果寡糖和德氏乳酸菌的添加量来自前期的试验结果），再加入相应的基础饲料中，各成分经充分混匀后，然后加入鱼油、豆油和足够的水分，在绞肉机上挤压成直径为2.5mm 的颗粒，自然烘干后，放自封袋中保存于 4℃冰箱备用。

表 3-5　饲料配方及营养水平（风干基础）

原料（%）		营养水平（干重，%）	
鱼粉	5	粗蛋白质	33.16
豆粕	32	粗脂肪	6.52
棉粕	15	粗灰分	4.93
菜粕	15		
豆油	2		
鱼油	1		
麸皮	6		
次粉	21		

（续）

原料（%）		营养水平（干重，%）
磷酸二氢钙	1.8	
预混料	1	
食盐	0.2	

注：每千克预混料中含 $CuSO_4 \cdot 5H_2O$，20mg；$FeSO_4 \cdot 7H_2O$，250mg；$ZnSO_4 \cdot 7H_2O$，220mg；$MnSO_4 \cdot 4H_2O$，70mg；Na_2SeO_3，0.4mg；KI，0.26mg；$CoCl_2 \cdot 6H_2O$，1mg；维生素 A，9000IU；维生素 D，2000IU；维生素 E，45mg；维生素 K_3，2.2mg；维生素 B_1，3.2mg；维生素 B_2，10.9mg；烟酸，28mg；维生素 B_5，20mg；维生素 B_6，5mg；维生素 B_{12}，0.016mg；维生素 C，50mg；泛酸，10mg；叶酸，1.65mg；胆碱，600mg。

（二）试验管理

养殖试验在河南科技大学动物科技学院水族科学实验室进行，试验用锦鲤由洛阳市李楼镇一养殖场提供，实验室条件下暂养 2 周（暂养池尺寸 1.6m× 1.0m×0.8m）。暂养期间投喂基础日粮，驯化 2 周后，挑选体格均一、健康的锦鲤 240 尾［初重（12.5±0.5）g］，将试验鱼随机分为 4 组，每组 3 个重复，每缸放 20 尾鱼。第 1 组投喂基础日粮（D_1），第 2 组投喂基础日粮＋ 0.3%果寡糖（D_2），第 3 组投喂基础日粮＋$1×10^7$CFU/g 德氏乳酸菌（D_3），第 4 组投喂基础日粮＋0.3%果寡糖和 $1×10^7$CFU/g 德氏乳酸菌（D_4）。试验在室内玻璃缸（长×宽×高：60cm×40cm×40cm）中进行。水质条件：水温（25±1）℃，溶解氧≥6mg/L，氨和亚硝酸盐＜1mg/m³，pH（7.3±0.3）。光照 14h，黑暗 10h，每天对水质进行测定并记录，每隔两天换水一次，换水量为总水量的 1/5，每天投喂两次（8：00 和 17：00）。试验鱼初期日投喂量为鱼体重的 2%～5%，后期根据增重情况和吃食情况进行调整，养殖试验持续 8 周。

（三）样品采集与分析

养殖试验结束后，采取 24h 饥饿处理，采样前用浓度为 100mg/L 的 MS-222 进行麻醉，统计每缸鱼的总数和总重量，计算其生长性能，每缸随机取出 6 尾鱼，尾静脉取血，转移至 10IU/mL 抗凝剂（肝素钠）处理过的离心管中，静止 1h 后，用离心机在 4℃、3 000g 条件下离心 10min，吸取上清液放入 −80℃保存，以备分析血液生化指标和免疫指标，采血后解剖试验鱼，快速分离肠道和肝脏，充分清洗干净后，用滤纸吸干，−80℃保存备用。

1. 饲料营养成分分析 饲料中营养成分的分析采用国标法。水分用烘箱在 105℃下烘干至恒重，根据水分损失量计算饲料中水分的含量；粗脂肪的测定用索氏抽提器（BUCHI 公司，瑞士）；粗蛋白用凯氏定氮仪（Foss，瑞士）测定；粗灰分的测定用马弗炉在 550℃下灼烧。

2. 生长性能测定　　除增重率、特定生长率和饵料系数外，摄食率（Feeding rate，FR）、蛋白质效率（Protein efficiency ratio，PER）和成活率（The survival rate，SR）计算公式如下：

$$FR = 100\% \times W / \left[(W_f + W_i) / 2 \right] / t$$
$$PER = 100\% \times (W_f - W_i) / W_p$$
$$SR = N_f / N_i$$

式中，W_f是末重（g）；W_i是初重（g）；t是试验天数（d）；W是摄食饲料的总重量（g）；W_p是摄食蛋白质的重量（g）；N_f是试验结束时每缸鱼的总数（尾）；N_i是试验开始时每缸鱼的总数（尾）。

二、结果

由表 3-6 可知，与对照组相比，3 个试验组的 WG 和 SGR 都有不同程度的提高，其中 D$_4$组效果最好，WG 提高 62.66%，该组 WG 显著高于对照组（$P < 0.05$），D$_2$组和 D$_3$组之间差异不显著（$P > 0.05$）；各试验组 FCR 有不同程度的降低，其中 D$_2$和 D$_4$组显著低于对照组的 FCR（$P < 0.05$），FCR 在 D$_2$、D$_3$和 D$_4$组之间差异并不显著（$P > 0.05$）；各组 PER 都有所提高，其中 D$_4$组显著高于对照组，各试验组差异不显著（$P > 0.05$）；对照组和试验组之间成活率无显著差异（$P > 0.05$）。

表 3-6　饲料中添加果寡糖和德氏乳酸菌对锦鲤生长性能的影响

项目	对照组	0.3%FOS	1×10^7 CFU/g 德氏乳酸菌	0.3%FOS+1×10^7 CFU/g 德氏乳酸菌
初重（g）	12.39±0.32	12.53±0.33	12.45±0.39	12.24±0.2
末重（g）	27.04±0.88[b]	32.43±1.71[a]	30.75±0.67[ab]	34.48±1.02[a]
增重率（%）	118.89±11.97[c]	158.60±8.56[ab]	147.35±8.07[b]	181.55±4.38[a]
特定生长率（%/d）	1.39±0.10[c]	1.69±0.06[ab]	1.62±0.06[b]	1.85±0.03[a]
饵料系数	1.73±0.15[a]	1.34±0.11[b]	1.44±0.09[ab]	1.33±0.09[b]
蛋白质效率（%）	193.17±5.05[b]	232.08±13.79[ab]	225.42±11.26[ab]	248.0±20.81[a]
成活率（%）	96.67±1.92	100±0.00	98.89±1.11	100±0.00

注：数据表示为平均值±标准误，同行不同小写字母表示差异显著（$P < 0.05$），同行无字母表示差异不显著（$P > 0.05$）。

关于果寡糖和德氏乳酸菌促进鱼类生长的研究已有报道，前期的研究得出饲料中添加适量的果寡糖和德氏乳酸菌能有效提高三角鲂和黄河鲤的生长性能和肠道消化酶活性；Poolsawat 等（2020）的研究表明在石斑鱼饲料中添加果寡糖能够提高其增重率和肠道蛋白酶、脂肪酶和淀粉酶的活性；赵峰等（2019）试验结果表明，饲料中添加 0.4% 果寡糖＋0.2% 芽孢杆菌能提高奥尼罗非鱼的生长性能，并且二者联用的效果要好于单独使用任何一种添加剂。本试验结果与上述研究基本一致，饲料中添加果寡糖、德氏乳酸菌和二者复合物均能不同程度提高锦鲤的增重率、特定生长率和肠道消化酶活性，降低饵料系数，提高了饲料的有效利用率。生长性能和肠道的功能密切相关，比如肠道消化酶活性、肠道菌群、代谢物、pH 等的变化都能影响鱼类对饲料中营养成分的消化、吸收和利用，具体还需进一步研究。另外，益生菌自身含有丰富的蛋白质、维生素等营养物质，其在增殖过程中分泌的酶可以促进宿主对营养物质的消化吸收（何伟聪等，2015）。该试验得出果寡糖和德氏乳酸菌二者联用效果要好于单独使用，类似的研究在卵形鲳鲹上也有报道，研究结果表明饲料中添加 $5.62×10^7$ CFU/g 枯草芽孢杆菌和 0.2% 果寡糖，卵形鲳鲹的特定生长率比单独添加果寡糖或者芽孢杆菌效果都要好（Zhang et al.，2014）；日本鳗饲料中添加甘露寡糖和枯草芽孢杆菌以及二者的混合物，结果混合组的增重率、特定生长率和蛋白质效率都显著高于对照组（Seunghan et al.，2018）。但是，艾庆辉等（2011）研究果寡糖和枯草芽孢杆菌对大黄鱼的生长并无显著的复配作用，这可能与养殖品种、养殖环境以及饲料添加剂的添加量有关。

第四节　果寡糖对斑马鱼生长性能的影响

试验对象是从洛阳水族市场购买的 240 条大小相近的斑马鱼幼鱼，平均体重（1.23±0.03）g。将鱼平均放入 8 个鱼缸中，每缸 30 条鱼，之后对其进行 2 周的驯化。待它们适应后，将 8 个鱼缸随机分为两组；一组为对照组，喂养基础日粮；另一组为试验组，在基础日粮中添加 0.4% 的果寡糖。持续喂养 8 周。在试验过程中，每天人工投喂三次，第一次为 8:00、第二次为 12:00、第三次为 16:00。每次投喂饲料的过程中，每天投喂量为鱼体重的 3%，每次喂食都缓慢投喂，确保鱼能把投喂的饲料吃完，不影响饲料吸收率。每天换水一次（半缸），换水时把排泄物全部清理出来，确保水质清洁。每天定时观察温度以防止温度变化过大，定时观察鼓氧量防止充氧量不足，定时测量氨氮含量及 pH，保证试验过程中不产生其他变量。饲养温度应控制在（24±0.5）℃，氨含量控制在（0.33±0.27）mg/L（NH_3）、亚硝酸盐含量控制在（0.14±0.07）mg/L（NO_2）、pH 控制在（7.0±0.2），确保斑马鱼健康生长，在喂养过程中无死亡现象。在解剖试验前的 24h 内停止饲喂。经过 8 周的养殖试验，统计斑马鱼的生长性能。

从表 3-7 中可知，饲料中添加 0.4%FOS 后，斑马鱼的末重、增重率和特定生长率均有所增加，但和对照组相比，两组间差异没有明显的差异（$P>$

0.05）。饲料中添加 0.4％果寡糖组的肝体比（HIS）、脏体比（VIS）和对照组相比有显著增长（$P < 0.05$），说明果寡糖可以改善斑马鱼的生长性能。

表 3-7　日粮果寡糖对斑马鱼生长性能、VSI 和 HIS 的影响

果寡糖水平 （％）	初重 （g）	增重率 （％）	末重 （g）	特定生长率 （％/d）	肝体比 （％）	脏体比 （％）
0	1.23±0.04	2.33±0.12	88.57±11.37	1.12±0.11	0.31±0.01[a]	17.44±0.47[a]
0.4	1.23±0.03	2.70±0.18	119.4±17.35	1.39±0.14	0.24±0.02[b]	15.56±0.43[b]

果寡糖对斑马鱼的生长有很大的促进作用。在很多有关果寡糖的研究中，笔者了解到果寡糖作为饲料添加剂促进动物生长的主要机制可能是：果寡糖进入机体后，肠道内分泌的酶不能吸收利用果寡糖，所以果寡糖可以顺利通过动物的胃和小肠，但是大肠中的乳酸杆菌和双歧杆菌等有益菌可以利用果寡糖，使得这些有益菌得到养分而充分繁殖。所以，果寡糖改善了肠道菌群的生态平衡，从而促进动物健康生长。不仅如此，果寡糖还可以提高体内消化酶的活性，促进食物的消化吸收，从而促进鱼类生长。果寡糖对维持肠道形态有积极的作用，这与动物机体的消化吸收能力也息息相关。并且，果寡糖在肠道内被有益菌分解产生的短链脂肪酸可以为动物提供能量，促进动物对矿物质的吸收，还能刺激禽畜的激素如甲状腺素和生长激素的分泌，使动物的生长速度加快。

第五节　果寡糖对其他鱼类生长性能的影响

一、对奥尼罗非鱼生长性能的影响

研究选取体格健壮、规格整齐、平均体重约 20g 的奥尼罗非鱼 450 尾，随机分为 5 个组。1 组为对照组，饲喂基础饲粮；2、3、4、5 组为试验组，分别在基础饲粮中添加 0.4％FOS、0.2％枯草芽孢杆菌（BS）、0.4％FOS＋0.2％芽孢杆菌（BS）、0.1％金霉素（AM）。试验每组设置 3 个重复，每个重复 30 尾鱼，养在 1 个网箱内，网箱规格为 100 cm×100cm×80cm，将网箱悬挂于水泥池，池水深度大约为 0.8m，共 15 个网箱。各组鱼初始体重无显著差异（$P > 0.05$），饲养试验持续 8 周。

各组鱼生长性能分析结果见表 3-8，与对照组相比，各试验组相对增重率（WGR）和特定生长率（SGR）都有所提高，其中添加 0.4％FOS＋0.2％BS、0.1％AM 组 WGR 分别显著提高 29.43％和 27.18％（$P < 0.05$），SGR 分别显著提高 17.18％和 15.95％（$P < 0.05$）；试验组间 WGR 和 SGR 差异均不显著（$P > 0.05$）。各试验组均能不同程度降低饵料系数（FCR），其中 0.4％FOS＋0.2％BS、0.1％AM 组的 FCR 显著低于对照组 21.58％（$P < 0.05$），

各试验组之间 FCR 差异均不显著（$P>0.05$）。各试验组肥满度较对照组都有所提高，其中 0.2%BS、0.4%FOS＋0.2%BS、0.1%AM 组的肥满度显著高于对照组（$P<0.05$），分别提高 14.98%、24.43%、27.04%，各试验组间差异不显著（$P>0.05$）。0.4%FOS、0.2%BS 组的肝体比比对照组显著提高 64.02%、71.13%（$P<0.05$）；各试验组的脏体比显著低于对照组（$P<0.05$）。饲粮中添加 FOS、BS 和 AM 对奥尼罗非鱼生长性能的提高均有一定帮助。

表 3-8　FOS、BS、AM 对奥尼罗非鱼生长性能的影响（赵峰等，2019）

项目	对照组	0.4%FOS	0.2%BS	0.4%FOS＋0.2%BS	0.1%AM
初重（g）	19.66±0.15	19.48±0.41	19.58±0.37	19.47±0.21	19.69±0.21
末重（g）	52.41±1.72[b]	56.29±1.46[b]	56.32±0.19[b]	61.40±1.87[a]	61.35±0.87[a]
相对增重率（%）	166.51±8.14[b]	189.21±9.26[ab]	187.76±5.20[ab]	215.51±12.69[a]	211.76±7.67[a]
成活率（%）	100	100	100	100	100
特定生长率（%/d）	3.26±0.01[b]	3.53±0.10[ab]	3.52±0.06[ab]	3.82±0.13[a]	3.78±0.08[a]
饲料系数	1.39±0.07[b]	1.24±0.05[ab]	1.23±0.01[ab]	1.09±0.05[b]	1.09±0.02[b]
肥满度（%）	3.07±0.05[b]	3.35±0.05[ab]	3.53±0.01[bc]	3.82±0.17[ab]	3.90±0.10[a]
肝体比（%）	1.94±0.15[b]	2.27±0.15[a]	2.32±0.02[a]	1.93±0.09[b]	1.74±0.06[b]
脏体比（%）	6.25±0.13[a]	5.22±0.05[b]	5.12±0.03[b]	4.18±0.13[c]	3.79±0.13[d]

注：数据表示为平均值±标准误，同行不同小写字母表示差异显著（$P<0.05$），同行不同字母表示差异不显著（$P>0.05$）。

二、对花鲈生长性能的影响

以初始体重（38.3±0.5）g 花鲈为试验对象，分别在基础饲料中添加 0g/kg（对照组）、0.5mg/kg（0.05%组）、1g/kg（0.1%组）、2g/kg（0.2%组）、4g/kg（0.4%组）、6g/kg（0.6%组）FOS 连续饲喂花鲈 28d。试验在室内循环水系统中进行，共 6 个处理，每个处理设 3 个重复，每个重复 30 尾鱼。

由表 3-9 可以看出，各试验组花鲈增重率均高于对照组，0.1%组花鲈增重率最高，显著高于对照组 28.69%（$P<0.05$），其余各试验组与对照组比差异不显著（$P>0.05$）；0.1%组花鲈饲料系数最低，0.05%、0.1%和 0.2%组花鲈饲料系数均显著低于对照组（$P<0.05$），分别降低了 17.50%、20.83%和 15.83%，其余各试验组花鲈饲料系数均低于对照组，但差异不显著（$P>0.05$）。各试验组花鲈特定生长率均高于对照组且随 FOS 添加量的增加呈先上升后下降的趋势，0.1%组特定生长率最高，0.1%和 0.2%组花鲈特定生长率分别显著高于对照组 19.67%和 13.39%（$P<0.05$），其余各试验组与对照组

比无显著性差异（$P>0.05$）。在养殖试验期间，各试验组花鲈均无死亡现象，存活率为100%，与对照组比无显著差异（$P>0.05$）；各试验组花鲈肝脏指数均低于对照组，0.1%组花鲈肝脏指数最低，但与对照组比差异不显著（$P>0.05$）；各试验组花鲈肥满度均高于对照组，0.4%组花鲈肥满度最高，但与对照组比显著不差异（$P>0.05$）。

表 3-9 果寡糖对花鲈生长性能的影响（王晨颖，2015）

添加水平 （%）	初重 （g）	末重 （g）	增重率 （%）	饵料 系数	特定生长 率（%/d）	存活率 （%）	肝体比 （%）	肥满度 （%）
0	38.33± 0.03[a]	27.02± 1.99[a]	95.64± 5.08[a]	1.20± 0.04[b]	2.39± 0.09[a]	100± 0.00[a]	1.63± 0.07[a]	1.77± 0.02[a]
0.05	38.23± 0.31[a]	30.74± 1.84[ab]	111.94± 3.44[ab]	0.99± 0.02[a]	2.68± 0.05[ab]	100± 0.00[a]	1.54± 0.07[a]	1.83± 0.03[a]
0.10	38.46± 0.03[a]	30.90± 2.13[ab]	123.08± 7.15[b]	0.95± 0.04[a]	2.86± 0.11[c]	100± 0.00[a]	1.53± 0.05[a]	1.81± 0.01[a]
0.20	38.50± 0.10[a]	29.41± 2.73[ab]	113.52± 5.11[ab]	1.01± 0.04[a]	2.71± 0.08[bc]	100± 0.00[a]	1.60± 0.10[a]	1.84± 0.04[a]
0.40	38.40± 0.17[a]	28.13± 4.09[ab]	105.29± 4.20[a]	1.05± 0.05[a]	2.57± 0.07[ab]	100± 0.00[a]	1.60± 0.08[a]	1.86± 0.05[a]
0.60	38.53± 0.06[a]	28.98± 0.97[ab]	10.95± 6.14[a]	1.11± 0.09[ab]	2.51± 0.11[ab]	100± 0.00[a]	1.58± 0.10[a]	1.85± 0.05[a]

注：数据表示为平均值±标准误，同列不同小写字母表示差异显著（$P<0.05$），同列不同字母表示差异不显著（$P>0.05$）。

三、对杂交乌鳢生长性能的影响

表 3-10 是果寡糖和黄芪多糖对杂交乌鳢生长性能的影响数据。由表 3-10 可知，在饲料中添加果寡糖和黄芪多糖对杂交乌鳢生长有显著的影响（$P<0.05$）。投喂 D_2、D_3 和 D_4 组饲料的杂交乌鳢，其末重显著高于对照组（$P<0.05$），投喂 D_5 和 D_6 组饲料的杂交乌鳢末重、增重率和特定生长率差异不显著（$P>0.05$）；投喂 D_4 组饲料的杂交乌鳢末重、增重率和特定生长增重率显著高于其他 5 组（$P<0.05$）；投喂 D_2、D_3 和 D_4 组饲料的杂交乌鳢的末重、增重率和特定生长率显著高于对照组（$P<0.05$）；投喂果寡糖和黄芪多糖对杂交乌鳢的饵料系数和成活率没有显著影响（$P>0.05$）。

表 3-10 果寡糖和黄芪多糖对杂交乌鳢生长性能的影响（倪新毅，2018）

饲料	初重 （g）	末重 （g）	增重率 （%）	特定生长率 （%/d）	饵料 系数	成活率 （%）
D_1	24.49± 0.12	99.68± 1.39[a]	257.08± 4.95[a]	2.27± 0.02[a]	1.58± 0.04[a]	95.83± 2.10[a]

（续）

饲料	初重 （g）	末重 （g）	增重率 （%）	特定生长率 （%/d）	饵料 系数	成活率 （%）
D$_2$	24.53± 0.15	108.81± 1.38^{cd}	287.93± 2.69^{cd}	2.43± 0.02^{cd}	1.54± 0.02^a	96.67± 1.36^a
D$_3$	24.67± 0.07	105.51± 1.86^{bc}	277.39± 5.70^{bc}	2.37± 0.03^{bc}	1.57± 0.05^a	96.67± 1.36^a
D$_4$	24.54± 0.13	112.37± 1.90^d	301.36± 5.65^d	2.49± 0.03^d	1.49± 0.02^a	97.50± 1.60^a
D$_5$	24.48± 0.08	102.86± 2.37^{ab}	267.35± 6.75^{ab}	2.33± 0.04^{ab}	1.57± 0.02^a	96.67± 1.36^a
D$_6$	24.53± 0.15	103.87± 1.59^{abc}	273.19± 7.40^{abc}	2.35± 0.03^{abc}	1.53± 0.05^a	95.83± 2.50^a

注：数据表示为平均值±标准误，同列不同小写字母表示差异显著（$P<0.05$），同列不同字母表示差异不显著（$P>0.05$）。

四、对石斑鱼生长性能的影响

选取 300 尾健康鲜活的斜带石斑鱼幼鱼，随机分成 4 组（T$_1$、T$_2$、T$_3$、T$_4$），每组设 3 个重复，每个重复 25 尾，调整各组体重。将幼鱼放在 75cm×45cm×50cm 的玻璃水族缸中，3 个水族缸为 1 个循环组，每 1 个重复放入 1 个缸中，每组为 1 个循环体系。T$_1$ 为对照组，T$_2$、T$_3$、T$_4$ 为试验组。每个缸按组别不同，分别饲喂不同饲料，饲养周期为 56d。T$_2$、T$_3$、T$_4$ 组在 T$_1$ 基础上分别添加 0.05%、0.1% 和 0.2% 的果寡糖。将原料粉碎混匀后制成软颗粒饲料。

由表 3-11 可以看出，试验前期（0～28d），试验组幼鱼末均重、增重率和 SGR 均高于对照组，但差异不显著（$P>0.05$）。与对照组的增重率相比，T$_2$ 组的增重率提高最多，T$_3$ 组次之，T$_4$ 组提高最少，可见石斑鱼增重率与果寡糖添加量呈负相关关系。饵料系数各试验组与对照组无显著差异（$P>0.05$）。各组存活率均为 100%。由表 3-12 可以看出，试验后期（28～56d），对于增重率和 SGR 而言，T$_2$、T$_3$、T$_4$ 高于对照组，且 T$_2$ 组增重率显著提高（$P<0.05$）。对于 FCR 而言，试验组均低于对照组，但差异不显著（$P>0.05$）。由表 3-13 可以看出，试验全期（0～56d），试验组幼鱼末均重、增重率和 SGR 均高于对照组，且 T$_2$ 组显著提高（$P<0.05$）；试验组 FCR 比对照组有所下降，但差异不显著（$P>0.05$）。

表 3-11　果寡糖对斜带石斑鱼前期生长性能的影响（0～28d）（王杰等，2016）

项目	组别			
	T_1	T_2	T_3	T_4
初重（g）	18.09±0.01	18.15±0.04	18.11±0.02	18.18±0.05
末重（g）	34.34±1.72	37.43±1.62	36.11±1.73	35.17±0.68
增重率（%）	89.63±9.56	106.23±9.04	99.41±9.79	93.43±3.29
SGR（%/d）	2.27±0.18	2.57±0.15	2.45±0.17	2.35±0.06
存活率（%）	100	100	100	100
FCR	1.27±0.10	1.21±0.11	1.37±0.09	1.33±0.11

表 3-12　果寡糖对斜带石斑鱼后期生长性能的影响（28～56d）（王杰等，2016）

项目	组别			
	T_1	T_2	T_3	T_4
初重（g）	34.31±1.72	37.43±1.62	36.11±1.73	35.17±0.68
末重（g）	61.83±2.99[a]	80.95±4.72[b]	76.38±4.19[ab]	74.62±0.57[ab]
增重率（%）	84.81±5.80[a]	115.96±4.03[b]	103.92±0.80[ab]	112.33±4.41[ab]
SGR（%/d）	2.19±0.11[a]	2.74±0.06[b]	2.54±0.02[ab]	2.68±0.07[ab]
存活率（%）	100	100	100	100
FCR	1.21±0.12	1.04±0.08	1.11±0.06	1.10±0.05

注：数据表示为平均值±标准误，同行不同小写字母表示差异显著（$P<0.05$），同行相同字母表示差异不显著（$P>0.05$）。

表 3-13　果寡糖对斜带石斑鱼全期生长性能的影响（0～56d）（王杰等，2016）

项目	组别			
	T_1	T_2	T_3	T_4
初重（g）	18.09±0.01	18.15±0.04	18.11±0.024	18.13±0.05
末重（g）	61.83±2.99[a]	80.95±4.72[b]	76.38±4.19[ab]	74.62±0.57[ab]
增重率（%）	241.80±16.72[a]	371.64±7.39[b]	322.26±23.42[ab]	310.45±2.94[ab]
SGR（%/d）	2.19±0.08[a]	2.77±0.03[b]	2.57±0.10[ab]	2.52±0.01[ab]
存活率（%）	100	100	100	100
FCR	1.22±0.04	1.22±0.04	1.21±0.03	1.18±0.02

注：数据表示为平均值±标准误，同行不同小写字母表示差异显著（$P<0.05$），同行相同字母表示差异不显著（$P>0.05$）。

五、对大菱鲆幼鱼生长性能的影响

选用体质健康、大小均匀的大菱鲆幼鱼，体质量为（20.53±0.10）g，驯养 14 后进行试验。试验采用完全随机分组，共设 4 组，即基础饲料组（对照组）、添加不同质量分数的果寡糖（0.1%、0.2%、0.5%）饲料组，每组设 3 个重复。试验在 12 个体积为 108L（60cm×45cm×40cm）的水族箱中进行。试验开始前停食 24h，随机分组称质量，每箱放养 12 尾鱼，共进行 42d。

果寡糖添加组大菱鲆幼鱼的平均体质量均显著高于对照组（$P<0.05$），质量增加率和特定生长率与对照组相比差异显著（$P<0.05$），但各组间差异不显著（$P>0.05$）。各果寡糖添加组大菱鲆幼鱼的终末平均体质量均显著高于对照组，0.1%、0.2%、0.5%果寡糖添加组的质量增加率和特定生长率与对照组比差异显著（$P<0.05$），并随果寡糖添加量的增加呈下降趋势（表 3-14）。饲料中添加 0.1%、0.2%、0.5%的果寡糖均可显著提高大菱鲆幼鱼的终末体质量、质量增加率和特定生长率，说明寡糖在促进鱼体生长方面发挥了一定作用。

表 3-14　果寡糖对大菱鲆幼鱼生长性能的影响（胡凌豪等，2019）

果寡糖添加水平 （%）	初始体质量 （g）	终末体质量 （g）	增重率 （%）	特定生长率 （%/d）
0	20.47±0.13	30.83±0.72[a]	50.67±2.57[a]	0.97±0.04[a]
0.1	20.54±0.03	33.47±0.54[b]	62.91±2.67[bc]	1.16±0.04[bc]
0.2	20.67±0.16	33.54±0.39[b]	62.27±2.45[bc]	1.15±0.03[bc]
0.5	20.50±0.08	33.23±0.39[b]	62.12±2.49[bc]	1.15±0.03[bc]

注：数据表示为平均值±标准误，同列不同小写字母表示差异显著（$P<0.05$），同列相同小写字母表示差异不显著（$P>0.05$）。

六、对鲤生长性能的影响

采用单因子试验设计进行养殖试验。对照组投喂基础饲料，1～4 试验组分别投喂试验饲料（在基础饲料基础上分别添加 0.3g/kg、0.8g/kg、1.3g/kg、1.8g/kg 的果寡糖配合而成）。试验选取相同生长阶段、体格健壮、体质量约 120g 的 2 龄鲤鱼种 30 尾，每组 6 尾。在整个养殖期间水深保持在 30cm 左右，水温控制在（25±2）℃。投饵 20～60min 后观察鲤的摄食情况。若摄食缓慢或 60min 后还有剩余饵料，下次投饵量适当减少保证所投的饵料基本吃完。每隔 2d 加入已充分曝气的自来水，且水温与原来箱内的水温一致，每次换水量约为总量的 1/3。

经过 30d 的饲养，鲤的生长性能情况见表 3-15。添加果寡糖的各试验组相对增重率与对照组相比均有显著提高（$P<0.05$），而饲料系数显著降低（$P<0.05$）。试验 3 组的净增重最大达到 17.40g；饲料系数最低为 2.05，比对照组降低 25.72%。试验组饲料系数与对照组相比差异显著（$P<0.05$），而

试验 1～3 组之间饲料系数差异不显著（$P > 0.05$）。

表 3-15　果寡糖对鲤生长性能的影响（肖明松等，2005）

组别	对照组	试验 1 组	试验 2 组	试验 3 组	试验 4 组
果寡糖（g/kg）	0	0.5	0.8	1.3	1.8
放养（尾）	6	6	6	6	6
收获（尾）	6	6	6	6	6
成活率（%）	100	100	100	100	100
初均重（g）	129.37±2.80	131.30±4.39	130.80±12.70	129.03±8.55	131.70±15.82
末均重（g）	140.23±5.69	145.47±6.65	146.91±15.42	146.43±8.94	145.62±17.52
均净增重（g）	10.86	14.17	16.11	17.40	13.92
相对增重率（%）	8.39[b]	10.79[c]	12.31[b]	13.48[a]	10.55[c]
饲料系数	2.76[a]	2.34[bc]	2.21[bc]	2.05[c]	2.45[b]

第六节　果寡糖对虾蟹生长性能的影响

一、对小龙虾生长性能的影响

通过营养调控来改善鱼虾类的免疫力和抗应激能力日益受到重视，目前无毒副作用、无抗药性、能增强免疫力、抗应激能力和促进生长的饲料添加剂成为研究热点。试验设 5 组，每组 3 个重复，共 15 个水泥池（规格为 2m×2m×1m），每水泥池放养 50 只，分别投喂果糖添加量为 0、0.1%、0.3%、0.5%、0.7% 的果寡糖，饲料配方表见表 3-16。克氏原螯虾在试验水泥池中驯化 15d 后投喂试验日粮，每天投喂 3 次（8：00、16：00、22：00），日投喂量为虾体重的 4%～6%，上午投喂量为日投喂量的 30%，下午为 30%，晚上为 40%，并根据摄食和生长情况做适当调整，每次投饲 2h 后无残留为宜，试验为期 8 周。饲养期间水温为 25～30℃，水中溶解氧 7～8mg/L，pH 保持在 7.0～8.0。

表 3-16　小龙虾饲料配方及营养水平（%）（杨维维，2014）

饲料配方	0 组	0.5% 组	1.0% 组	2.0% 组	4.0% 组
鱼粉	5.00	5.00	5.00	5.00	5.00
豆粕	31.25	31.25	31.25	31.25	31.25
菜籽粕	16.00	16.00	16.00	16.00	16.00
虾糠粉	3.00	3.00	3.00	3.00	3.00

（续）

饲料配方	0组	0.5%组	1.0%组	2.0%组	4.0%组
面粉	31.29	31.19	30.99	30.79	30.59
α-淀粉	4.00	4.00	4.00	4.00	4.00
豆油	3.21	3.21	3.21	3.21	3.21
棒土	1.00	1.00	1.00	1.00	1.00
沸石粉	1.5	1.5	1.5	1.5	1.5
磷酸二氢钙	2.2	2.2	2.2	2.2	2.2
食盐	0.4	0.4	0.4	0.4	0.4
复合预混料	1.00	1.00	1.00	1.00	1.00
脱壳素	0.15	0.15	0.15	0.15	0.15
果寡糖	0	0.1	0.3	0.5	0.7
粗蛋白	26.11	26.02	26.13	26.12	26.04
粗脂肪	5.83	5.91	5.78	5.85	5.89

由表 3-17 可见，随着饲料中果寡糖添加量的提高，试验组的增重率呈现先上升后下降的趋势，添加量为 0.5% 时达到最大值，与对照组相比 0.5% 组差异显著（$P < 0.05$），各试验组之间差异不显著（$P > 0.05$）。成活率则呈现先上升后下降的趋势，添加量为 0.5% 时达到最大值，与对照组相比差异显著（$P < 0.05$）。饵料系数则呈现随添加量的增加持续下降的趋势。由此可见，饲料中添加果寡糖可促进克氏原螯虾的生长，降低饵料系数、提高成活率。当添加水平达到 0.5% 效果最为显著。

表 3-17 果寡糖对克氏原螯虾生长性能的影响（杨维维，2014）

果寡糖添加量（%）	初均重（g）	末均重（g）	增重率（%）	成活率（%）	饵料系数
0	7.25±0.24	24.21±2.48[b]	202.58±30.98[b]	75.33±7.57[b]	2.91±0.11[a]
0.1	7.24±0.15	25.57±0.6[ab]	219.68±17.45[ab]	82.00±6.93[ab]	2.78±0.18[ab]
0.3	7.13±0.41	26.73±3.04[ab]	234.13±21.93[ab]	82.00±5.29[ab]	2.69±0.12[ab]
0.5	7.15±0.19	29.60±2.33[a]	270.01±16.78[a]	86.00±7.21[a]	2.5±0.2[b]
0.7	7.13±0.23	27.41±1.55[ab]	242.65±19.34[ab]	80.67±3.06[ab]	2.33±0.14[b]

注：数据表示为平均值±标准误，同列中标有不同小写字母者表示组间有显著性差异（$P < 0.05$），标有相同小写字母者表示组间无显著性差异（$P > 0.05$）。

二、混合添加果寡糖与糖萜素对中华鳖生长性能的影响

选择体质健壮大小基本一致、平均体重在 150g 左右的幼鳖，按二因子三水平正交设计分成 9 组，每组 6 只，共 54 只。按试验设计共配制 9 个试验饲料。所有饲料原料均经过高速万能粉碎机进行粉碎，并过 80 目分析筛。充分混合后，加入 30％～40％的水，调制成面团状，加工成软颗粒饲料。

经过 45d 的饲养，中华鳖的生长性能情况见表 3-18。利用 L9 正交试验表对所得中华鳖日增重、饵料系数进行方差分析，并用邓肯法对各组数据进行多重比较，结果见表 3-18。对日增重而言，第 9 处理组最大达到 1.75g，其次是第 6 处理组为 1.68，其他各组的日增重由高到低依次为 8、5、7、3、2、1组。第 9 处理组与第 6 处理组之间差异不显著（$P > 0.05$），第 1 处理组与第 3、5、6、7、8、9 组之间差异极显著（$P < 0.01$），第 3、5、6、7、8、9 处理组饵料系数比第 1 处理组分别降低 5.63％、8.45％、11.27％、7.98％、12.68％、15.49％。结果表明，随着果寡糖和糖萜素水平的提高，中华鳖的日增重显著增加，饵料系数显著降低。

表 3-18　果寡糖和糖萜素对中华绒螯蟹生长性能的影响（肖明松等，2004）

组别	项目 果寡糖 (mg/kg)	糖萜素 (mg/kg)	放养数 (只)	收获数 (只)	成活率 (％)	初均重 (g)	末均重 (g)	均净增重 (g)	日增重 (g)	相对增重率 (％)	饵料系数
第一组	200	200	6	6		152.25± 12.36[a]	216.60± 23.49[d]	64.35	1.43[f]	42.27	2.13[Aa]
第二组	200	600	6	6	100	154.56± 13.02[a]	221.18± 19.68[cd]	66.62	1.48[ef]	43.09	2.08[ABCab]
第三组	200	100	6	6	100	154.16± 12.07[a]	222.56± 25.35[bcd]	68.40	1.52[de]	44.37	2.01[BCDbc]
第四组	600	200	6	6	100	156.35± 11.02[a]	222.06± 21.03[bcd]	65.71	1.46[ef]	42.02	2.10[Aba]
第五组	600	600	6	6	100	155.84± 7.36[a]	227.41± 19.67[abc]	71.57	1.59[cd]	45.91	1.95[DEcd]
第六组	600	21000	6	6	100	154.37± 9.76[a]	229.97± 21.32[ab]	75.60	1.68[ab]	48.97	1.89[Efde]

（续）

组别	项目 果寡糖 (mg/kg)	糖萜素 (mg/kg)	放养数 (只)	收获数 (只)	成活率 (%)	初均重 (g)	末均重 (g)	均净增重 (g)	日增重 (g)	相对增重率 (%)	饲料系数
第七组	1 000	200	6	6	100	153.62± 10.97[a]	222.50± 24.94[bcd]	68.88	1.53[de]	44.82	1.96[CDEc]
第八组	1 000	600	6	6	100	155.78± 10.95[a]	155.78± 10.95[a]	74.27	1.65[bc]	47.66	1.86[EFe]
第九组	1 000	1 000	6	6	100	153.69± 12.78[a]	155.78± 10.95[a]	78.76	1.75[a]	51.24	1.80[Ff]

注：数据表示为平均值±标准误。同列中标有不同字母者表示组间有显著性差异，大写字母表示同一个组在不同时间点的变化情况，小写字母表示同一时间点各组之间的差异。

第四章 果寡糖对水产动物免疫及抗病力的影响

第一节 鱼类的免疫系统

鱼类是重要的水产养殖动物，因其分布范围广，涉及区域多，极易遭受外源压力的影响，故病原菌对鱼类的危害最大。鱼类病原菌多样，致病原因复杂，广泛存在于环境中并易于传播，严重地威胁鱼类养殖业的健康发展。近年来，随着集约化养殖规模的扩大，病原菌感染导致养殖鱼类大量死亡，限制了产业的发展。因此，人们聚焦于鱼类抗菌的免疫机制探索。免疫系统的响应机制是鱼类抵抗寄生虫、细菌和病毒威胁的防线，其中，重要免疫器官的抗菌机制探讨是鱼类免疫学研究的核心。

在鱼类的体液、组织和卵中存在多种非免疫球蛋白的蛋白质或糖蛋白分子，包括补体、蛋白酶抑制剂、细胞溶素、凝集素和C-反应蛋白等，它们在鱼类非特异性防御机制中发挥着重要作用：①直接分解细菌或真菌，如溶菌酶、补体。②抑制细菌或病毒的复制，如急性期蛋白能使真菌、细菌和寄生虫的糖类和磷酸酯产生沉淀。③作为调理素增加吞噬细胞的吞噬量或中和细菌。

一、鱼类的非特异性免疫

鱼类非特异性免疫细胞主要包括巨噬细胞、粒细胞、单核细胞和自然杀伤细胞等（裘文慧，2013）。其中，单核细胞、巨噬细胞和中性粒细胞为吞噬细胞，它们在非特异性免疫防御中发挥着重要作用，能启动特异性免疫过程，促使非特异性免疫和特异性免疫协同作用（Secombes，1997）。鱼类的非特异性免疫因子种类较多，主要包括溶菌酶（Lysozyme，LZM）、抗菌多肽（Antibacterial peptide，AP）、C-反应蛋白（C-reactive protein，CRP）、促炎症因子（Pro-cytokines）和趋化因子（Chemokines）等，每种因子都能够协同非特异性免疫细胞作用或单独作用，抑制病原生物的存活（Yano，1997）。

溶菌酶广泛分布于鱼类的黏膜、淋巴组织、血清和体液中（Alexander and Ingram，1992），与其他非特异性免疫细胞和因子等共同构成机体的第一道防线，抑制并杀灭病原生物，提高机体免疫力。溶菌酶是一种杀菌酶，主要通过破坏细胞壁中的 N-乙酰胞壁酸和 N-乙酰氨基葡萄糖的 β-1,4 糖苷键，使细胞壁不溶性多糖分解成可溶性糖肽，导致细胞壁破裂而使细菌溶解。因此，溶菌酶常被作为有效的生物标志物，用以检测污染物对鱼类非特异性免疫系统的影响。

二、特异性免疫系统

特异性免疫系统又称为获得性免疫系统或适应性免疫系统，由非特异性免疫系统激活，通过产生记忆细胞和特定的可溶性膜结合受体（如 T 细胞受体、免疫球蛋白等），快速清除或抑制特定病原体的侵害（黄琳，2015）。获得性免疫系统包括 T 淋巴细胞和 B 淋巴细胞、免疫球蛋白、主要组织相容复合体（MHC）的产物和激活基因等。其中，免疫球蛋白是特异性免疫系统的中枢因子，由 B 淋巴细胞产生，具有高度的多样性，可识别多种入侵抗原（黄琳，2015）。目前，鱼类体内主要为免疫球蛋白 M（Immunoglobulin M，IgM），还有少量的 IgD、IgZ 和 IgT，而 IgM 在鱼类的非特异性免疫中发挥最主要的作用，因此也被作为有效的免疫指标。

第二节　果寡糖对团头鲂免疫
指标及抗病力的影响

一、试验设计

试验设计同第三章第一节。

二、免疫指标测定

（一）血液免疫指标的测定
参照第二章第一节。

（二）抗菌肽基因表达的测定
（1）RNA 提取： 取组织样大约 0.1g 左右，加到盛有 Trizol 液的 EP 管中，4℃下充分匀浆，加入氯仿后，低温离心 10min，取上清，加入等体积的异丙酮，再次离心，移去上清液，加入 75％的乙醇，混匀再离心。重复此操作 2 次，弃上清，加 DEPC 水溶解 RNA，然后测定其浓度和质量。

（2）cDNA 的反转录： 第一步 42℃反应 40 min，第二步 90℃反应 2 min，最后 4℃保存。

（3）RT-PCR 的过程： 用 primer5 软件设计引物，根据说明书进行操作，选用 β-actin 作为内参基因，用 $2^{-\triangle\triangle CT}$ 方法计算 *LEAP1* 和 *LEAP2* 基因的相对表达量。

（三）攻毒试验

试验用到的嗜水气单胞菌由江苏省无锡市淡水研究中心提供，在采样前一周内，菌液用 LB 培养基在 28℃下培养 24h 后测其浓度，然后稀释至 1×10^5（预试验得出的半致死浓度）备用，采样结束后，鱼先稳定 3d 后，每缸取 24 尾鱼，腹腔注射稀释好的菌液，按照鱼的体重计算，每 100g 大约注射 1mL 左右，注射结束后，放回原来的缸中，投喂原来分配好的各组饲料，观察其在 96h 内的累计死亡率，每天观察 3 次。

死亡率＝（初始鱼总数－结束时鱼总数）/初始鱼总数×100％

三、结果

（一）果寡糖对团头鲂免疫指标活性的影响

从表 4-1 可以看出，血清溶菌酶、ACP、MPO 和补体 C3 都是在第 2 组和第 5 组出现较高值，它们显著高于对照组（$P<0.05$），但是对照组和第 3、4 组之间的差异并不显著（$P>0.05$），补体 C4 在第 2 组出现最高值，显著高于对照组（$P<0.05$），但其他剩余的各组和第 2 组之间无显著差异（$P>0.05$）。果寡糖添加水平和投喂模式的交互作用对血清中溶菌酶、ACP、MPO 和补体 C3 都有显著影响（$P<0.05$），但是各组之间的 NO 水平并无显著差异（$P>0.05$）。

寡糖类物质能够增强机体的免疫功能（Song et al.，2014），本研究也发现饲料中适量的果寡糖提高了团头鲂血清中溶菌酶、ACP 活性和补体 C3、补体 C4、总蛋白以及免疫球蛋白的含量，但是连续投喂高浓度果寡糖组免疫活性并无升高，类似的结果在虹鳟和鲇中也有报道（Matsuo and Miyazono，1993；Yoshida et al.，1995）。溶菌酶和髓质过氧化物酶的升高可能与白细胞数的升高有密切联系，这是因为溶菌酶是由单核细胞和中性粒细胞中分泌的（Ellis，1999），而髓质过氧化物酶是由中性粒细胞分泌的一种血红蛋白（Basha et al.，2013）。酸性磷酸酶作为溶菌酶的一种代表性酶类，和溶菌酶有着相同的趋势（Cheng，1989），补体 C3、补体 C4 是免疫系统的重要组成部分，参与对抗细菌侵入（Magnadottir，2010）。血清中蛋白升高尤其是免疫球蛋白的升高预示着免疫功能的增强，进一步证明果寡糖提高免疫力的功效（Israelson et al.，1991）。通过以前研究得出，果寡糖能够促进有益菌的生长比如乳酸菌和双歧杆菌（Sang et al.，2011），这些细菌的细胞壁上的脂多糖具有免疫功能（Bricknell and Dalmo，2005）。另外，果寡糖可以被肠道内的双歧杆菌利用并促进其生长，抑制有害菌的增殖（Kaneko et al.，1995），果寡糖的代谢产物比如乙酸、丙酸、丁酸、一氧化碳等对免疫功能有调节作用（Passos and Park，2003；Thakur and Dixit，2008）。

表 4-1　不同浓度的果寡糖在不同投喂模式下对团头鲂血液免疫指标的影响

饲料	溶菌酶 （U/mL）	酸性磷酸酶 （U/L）	补体 C3 （μg/mL）	补体 C4 （μg/mL）	髓质过氧化酶 （U/L）	一氧化氮 （mmol/L）
D₁	89.12±4.81ᵃ	13.53±0.65ᵃ	75.72±5.8ᵃ	144.25±5ᵃ	12.61±0.6ᵃ	54.81±4.4
D₂	109.20±9.62ᵇᶜ	17.62±0.45ᵇ	101.31±2.8ᶜ	165.18±6ᵇ	15.90±0.6ᵇᶜ	58.42±1.9
D₃	96.00±3.41ᵃᵇ	15.54±0.96ᵃᵇ	88.62±2.1ᵃᵇ	148.12±8ᵃᵇ	14.21±0.9ᵃᵇ	56.50±4.4
D₄	97.81±6.22ᵃᵇ	15.03±0.56ᵃ	90.21±8.3ᵃᵇ	153.46±7ᵃᵇ	14.42±0.5ᵃᵇᶜ	61.90±1.3
D₅	120.21±1.22ᶜ	17.81±0.91ᵇ	108.11±1.3ᶜ	161.26±4ᵃᵇ	16.51±0.6ᶜ	62.83±1.8
双因素 方差分析						
果寡糖 水平	*	**	**	**	**	ns
投喂模式	ns	ns	ns	ns	Ns	ns
交互	*	*	*	*	*	ns

注：数据表示为平均值±标准误，同列数据上标含相同字母者差异不显著。＊表示 $P<0.05$，＊＊表示 $P<0.01$，ns 表示无显著差异。

（二）果寡糖对团头鲂血液总蛋白和免疫球蛋白含量的影响

从图 4-1 可以看出，血清总蛋白和免疫球蛋白都是在第 5 组出现最大值，它们的含量在这一组显著高于对照组（$P<0.05$），但是和第 2 组并无显著差异（$P>0.05$），并且免疫球蛋白受果寡糖添加水平和投喂模式交互作用的显

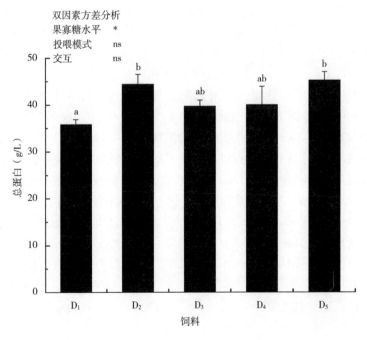

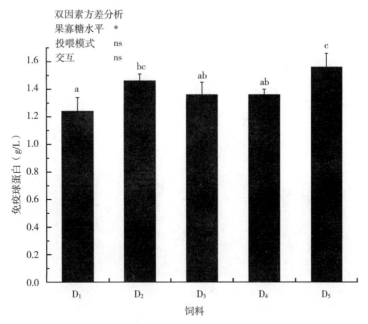

图 4-1　果寡糖的投喂浓度和投喂模式对团头鲂血液中总蛋白含量和免疫球蛋白的影响
著影响（$P < 0.05$）。

（三）果寡糖对团头鲂抗菌肽基因 *LEAP-1* 和 *LEAP-2* 表达的影响

从图 4-2 可以得出，第 2 组和第 5 组的 LEAP-1，LEAP-2 的相对表达量

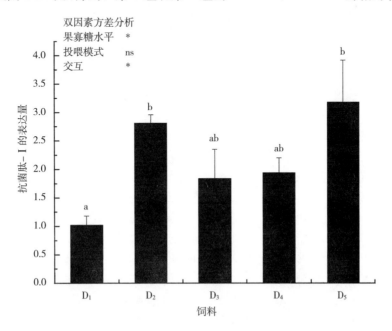

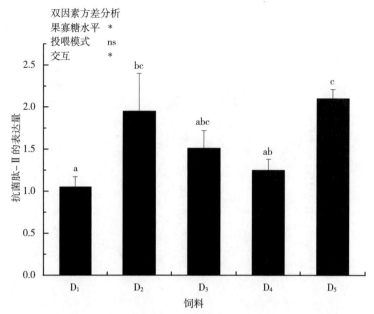

双因素方差分析
果寡糖水平　*
投喂模式　ns
交互　*

图 4-2　果寡糖投喂浓度和投喂模式对团头鲂肝脏抗菌肽基因（*Leap-1* 和 *Leap-2*）的影响

显著高于对照组（$P<0.05$），LEAP-2 相对表达量在第 5 组也显著高于第 4 组（$P<0.05$），但是它和第 3 组之间并无显著差异（$P>0.05$），果寡糖添加水平和投喂模式之间的交互作用对 LEAP-1 和 LEAP-2 有显著影响作用（$P<0.05$）。

果寡糖是否对免疫基因产生影响。本试验用定量 PCR 检测了肝脏中 LEAP-1 和 LEAP-2 的相对表达量，试验结果表明果寡糖在适宜的浓度和投喂模式下有上调 LEAP-1 和 LEAP-2 的功能，这和血清免疫指标得出的结果一致。抗菌肽基因表达的升高可能与白细胞组成变化有关，因为巨噬细胞和中性粒细胞和抗菌肽有一定的关联（Schlapbach et al.，2009）。有研究报道，巨噬细胞有很强的抗菌性（Schlapbach et al.，2009）。随着白细胞的激活，一些其他的物质比如细胞因子、补体甚至抗菌肽本身都会有不同程度的释放，这都可以调节抗菌肽基因的表达。

（四）果寡糖对团头鲂累计死亡率的影响

由图 4-3 可以看出，死亡率最低的一组是第 5 组，它显著低于对照组和第 3 组（$P<0.05$），但是和其他两组之间并无显著差异（$P>0.05$）。

累计死亡率是评价鱼体健康和免疫增强剂功效的一个重要指标，本试验结果表明用嗜水气单胞菌攻毒后，添加果寡糖组的死亡率明显下降，这表明添加果寡糖提高了团头鲂的免疫力和抗病力，这可能是由于添加果寡糖提高了血细胞中抗体水平，在机体的免疫应答反应中起到了重要作用（Bagni et al.，

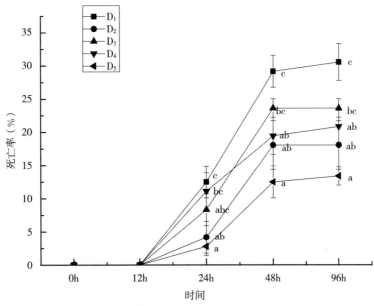

图 4-3 果寡糖在不同的投喂浓度和不同投喂模式对团头鲂累计死亡率的影响

2005)。另外,免疫球蛋白和细胞因子可以作为调节免疫的重要因素(Lomax and Calder,2009),并且由果寡糖代谢产生的短链脂肪酸可以促进肠道内有益菌比如乳酸菌的增殖,抑制有害菌生长,这与免疫反应的调节密切相关(Saulnier et al.,2009)。本研究还得出间隔投喂高浓度的果寡糖产生效果好于连续投喂,更进一步说明投喂模式和添加水平在团头鲂免疫调节中的重要作用。

本节试验得出,果寡糖在适宜的添加水平和合适的投喂模式下能够提高团头鲂的免疫指标活性和抗病力,采用隔 5d 投喂 2d 0.8%的果寡糖饲料更有利于团头鲂的健康。

第三节 果寡糖和芽孢杆菌对三角鲂
免疫指标及抗病力的影响

本研究通过研究果寡糖和地衣芽孢杆菌对三角鲂免疫指标活性、抗氧化和抗病力的影响,探讨更好的控制疾病途径,此研究结果将会为我们以后研究益生菌和益生元在水产养殖的应用提供可靠的理论依据。

一、试验设计

养殖试验结束后,试验鱼先饥饿 24h,用浓度为 100mg/L 的 MS-222 对试验鱼进行麻醉处理，然后在尾静脉部位抽血，一部分全血用来测血液中红细胞和白细胞的总数，剩余的血用低温离心机在4℃、3 000g 条件下离心10min，取上清液放置－70℃备用，分析免疫指标活性和抗氧化指标的活性，肝脏分离之后用生理盐水洗净，滤纸吸干后，保存于－70℃冰箱中备用。

血清补体 ACH50 的测定：①取一定量的绵羊红细胞，加入一定量的 PBS^{3+} 2 000r/min 离心 3min，吸取上清弃之，重复几次操作，最后底部的为纯绵羊红细胞，然后用 Mg-EGTA-PBS^{3+} 缓冲液稀释至 2% 的浓度。②将鱼血清用 Mg-EGTA-PBS^{3+} 稀释 10 倍。③将稀释过的样品再用 Mg-EGTA-PBS^{3+} 稀释，每个样品至少 5 个梯度。此外，空白管加 PBS 缓冲液 200μL，对照组加同样体积的蒸馏水。④在各管中加 50μL、2%浓度的绵羊红细胞，摇匀，然后 26℃水浴 90min，其间不断震荡，以免红细胞沉淀在管底。⑤水浴结束后，加 1mL EDTA-PBS 缓冲液，终止反应，空白管加入 Mg-EGTA-PBS^{3+} 缓冲液，100%溶血对照加蒸馏水 1mL，充分震荡混匀后，2 500g 离心 5min，吸取上清 414nm 处比色。⑥溶血度 Y＝（试验管吸光度－空白样吸光度）/（100%溶血吸光度－空白吸光度）。⑦以 Y/（Y－1）为横坐标，血清添加量为纵坐标，每个样品为 5 个点，拟合曲线，当 X＝1 时，对应的 Y 值即为样品引起 50%绵羊红细胞溶血时的血浆用量。

补体含量＝1×样品稀释倍数/50%溶血时的血浆取样量

血清球蛋白和酚氧化酶的测定按照南京建成生物有限公司提供的说明书，具体操作详见说明书。

白细胞计数：①稀释：采用 3%乙酸溶液（冰乙酸 3mL，加蒸馏水 97mL 充分混合）。为了便于观察，上述液体中也可加 1～2 滴美蓝或龙胆紫液。②取稀释液 0.38mL 到小试管中，取新鲜血液 0.02mL，吹入稀释液中，吸管壁上的血用稀释液洗入液体中，轻轻摇匀。③用小滴管吸取少量的稀释液，加到已准备好的血细胞计数池内，静置数分钟后，在低倍镜下观察并数出 4 个大方格的白细胞总数（WBC），$WBC＝N/4×10×20×10^6$。

红细胞计数方法：取稀释液 2.0mL，加抗凝血剂 10μL，擦去外周血，将红细胞加至稀释液底部，再轻吸上清 2～3 次，混匀。将细胞液用稀释液冲入计数池，放置 5min 左右，等到细胞下沉后在显微镜下计数，统计中央大方格内 4 角和正中共 5 个中方格内的红细胞数。红细胞数＝$N×25/5×10^6×200＝N/100×10^{12}$。

嗜水气单胞菌的来源和活化见第三章。预试验得出三角鲂攻毒时嗜水气单胞菌的浓度为 $5×10^7$ CFU/mL，按照 1mL/kg 的体积腹腔注射，并统计其在一周后的成活率。成活率（%）＝攻毒后鱼的数量/攻毒前鱼的数量×100%。

二、结果

(一) 果寡糖和芽孢杆菌对三角鲂免疫指标的影响

从表 4-2 可以得出，血液中红细胞数在各组之间并无明显差异（$P>$ 0.05），单独的果寡糖水平和芽孢杆菌添加量对酸性磷酸酶和溶菌酶无显著影响（$P>0.05$），但是受到它们交互作用的显著影响（$P<0.05$）；免疫球蛋白既受到果寡糖添加水平的影响，又受到芽孢杆菌添加量的显著影响（$P<$ 0.05），分别在添加水平为 0.6％果寡糖组和 $1×10^7$CFU/g 芽孢杆菌组出现最大值；白细胞数、补体 ACH50 活性、总蛋白和球蛋白含量随着芽孢杆菌从 0 到 $1×10^7$CFU/g 的增加而增大，但这些指标并没受到果寡糖添加水平的显著影响（$P>0.05$）。碱性磷酸酶和酚氧化酶显著受到果寡糖添加水平的显著影响（$P<0.05$），分别在添加 0.6％和 0.3％组出现最大值；另外，果寡糖和芽孢杆菌的交互作用对白细胞数、补体 ACH50、酚氧化酶、球蛋白和免疫球蛋白都有显著影响（$P<0.05$），并且在 0.3％果寡糖和 $1×10^7$CFU/g 芽孢杆菌复配组的值为最大。

益生元和益生菌有提高机体免疫的功能不仅在畜禽动物上得到广泛的证实（Fooks et al.，1999），在水产动物上也得到了证实（Torrecillas et al.，2007；Ibrahem et al.，2010；Zhou et al.，2010）。在大量的益生元和益生菌中寡糖类和芽孢杆菌类物质已被广泛运用于水产养殖，并且之前的研究证明果寡糖和芽孢杆菌有提高鱼虾免疫力、改善水质和抑制有害菌的作用，进而提高了它们的抗病力（Rengpipat et al.，2000；Li et al.，2008；Shen et al.，2010；Zhang et al.，2010；Ai et al.，2011）。但是大多数的研究都是单独使用一种益生元或益生菌，研究表明复配使用的作用效果会更好，因此研究它们的交互作用对鱼类免疫方面的影响更有意义。

本节研究得出添加果寡糖和芽孢杆菌之后，三角鲂的免疫指标有显著增高趋势，血液中白细胞数、血浆中补体 ACH50、AKP、MPO 的活性和总蛋白、IgM 的含量在试验组比对照组都有升高趋势，在一些鱼类和贝类研究中也得到了相似的结果（Torrecillas et al.，2007；Sang et al.，2011）。其原因可能是益生元促进了肠道内有益菌比如乳酸菌和芽孢杆菌的生长和增殖，这些菌类的细胞壁上的脂多糖具有很强的免疫功能（Bricknell and Dalmo，2005；Xian et al.，2009）。另外，寡糖类物质还能促进肠道内双歧杆菌的生长、增殖，抑制有害微生物的生长和增殖，从而增强了机体的免疫功能（Kaneko et al.，1995；Francis et al.，2002）。

Soleimani 等研究证明拟鲤饲料中添加 2％或 3％的果寡糖能够显著提高其免疫力（Soleimani et al.，2012）。但是艾庆辉等研究得出添加果寡糖并不能

表 4-2 果寡糖和地衣芽孢杆菌交互对三角鲂血液免疫指标的影响

饲料	红细胞数 (10⁶个/μL)	白细胞数 (10⁵个/μL)	碱性磷酸酶 (U/L)	酸性磷酸酶 (U/L)	溶菌酶 (U/mL)	补体 ACH50 (U/mL)	酚氧化物酶 (U/L)	总蛋白 (g/L)	球蛋白 (gL)	免疫球蛋白 IgM (mg/L)
0/0	2.07±0.13	1.40±0.15[a]	21.6±1.9	12.5±0.6[a]	202±10[a]	198±4[a]	87.1±2.6[a]	26.1±0.8[a]	6.83±0.30[a]	22.0±0.5[a]
0/3	2.07±0.15	1.64±0.07[ab]	25.1±1.5	14.0±0.6[abc]	247±18[ab]	224±5[bc]	104±3[bc]	26.9±0.4[ab]	7.60±0.42[ab]	25.7±0.4[bc]
0/6	2.02±0.12	1.87±0.09[b]	30.2±1.2	14.5±0.9[abc]	269±20[abc]	239±7[c]	106±2[bc]	27.6±0.5[bc]	8.34±0.16[bc]	26.2±0.6[bc]
1/0	2.13±0.22	1.53±0.13[a]	26.9±3.0	14.2±0.6[abc]	270±12[abc]	240±8[c]	93.8±2.9[ab]	27.5±0.5[bc]	8.07±0.43[bc]	25.8±1.0[bc]
1/3	2.09±0.16	1.87±0.11[b]	29.1±2.4	16.2±0.6[c]	303±29[bc]	241±9[c]	107±2[c]	27.9±1.2[bc]	9.02±0.32[c]	27.1±0.7[c]
1/6	2.02±0.06	1.87±0.12[b]	31.7±3.0	14.7±0.5[abc]	282±19[abc]	231±6[c]	101±7[bc]	28.5±0.7[c]	8.23±0.34[bc]	25.6±0.6[bc]
5/0	2.11±0.16	1.64±0.11[ab]	26.8±1.9	15.8±0.4[c]	345±56[c]	239±6[c]	105±2[bc]	28.5±0.7[c]	8.26±0.31[bc]	25.9±0.6[bc]
5/3	2.03±0.21	1.45±0.10[a]	32.9±2.2	15.4±1.1[bc]	242±29[ab]	224±7[bc]	95.3±5.1[abc]	28.0±0.7[ab]	7.78±0.27[ab]	25.6±0.4[ab]
5/6	2.10±0.14	1.46±0.06[a]	29.0±3.4	13.3±1.0[ab]	213±11[a]	205±5[ab]	93.7±4.0[ab]	28.3±0.8[ab]	7.49±0.39[ab]	25.0±0.3[bc]
果寡糖 (%)										
0	2.03±0.09	1.52±0.06	25.1±1.4[a]	14.2±0.4	252±18	225±4	96.1±2.4[a]	27.3±0.6	7.43±0.2	24.6±0.3[a]

（续）

饲料	红细胞数 (10^6个/μL)	白细胞数 (10^5个/μL)	碱性磷酸酶 (U/L)	酸性磷酸酶 (U/L)	溶菌酶 (U/mL)	补体 ACH50 (U/mL)	酚氧化物酶 (U/L)	总蛋白 (g/L)	球蛋白 (g/L)	免疫球蛋白 IgM (mg/L)
0.3	2.07±0.10	1.65±0.06	29.0±1.5[b]	14.3±0.4	263±16	230±5	104.9±2.3[b]	27.6±0.5	8.14±0.2	26.1±0.4[b]
0.6	2.04±0.10	1.70±0.06	30.3±1.4[b]	15.1±0.4	276±18	225±6	97.7±3[a]	28.2±0.5	8.21±0.2	25.6±0.3[ab]
芽孢杆菌 (CFU/g)										
0	2.15±0.10	1.64±0.06[ab]	25.6±1.4	13.7±0.6	241±19	220±4	99.1±2.8	26.9±0.5[a]	7.31[a]±0.3	24.6±0.3[a]
1×10^7	2.16±0.10	1.72±0.06[b]	29.3±1.6	14.1±0.6	285±19	237±4	99.6±2.9	28.0±0.5[ab]	9.03[b]±0.3	26.2±0.4[b]
5×10^7	2.04±0.10[ab]	1.52±0.06[a]	29.6±1.3	14.8±0.7	262±20	222±5	100±3.0	28.3±0.7[b]	8.45[ab]±0.1	25.5±0.3[ab]
双因素方差分析										
果寡糖	ns	ns	*	ns	ns	ns	*	ns	ns	**
芽孢杆菌	ns	*	ns	ns	ns	**	ns	*	*	*
交互	ns	*	ns	*	**	***	*	ns	*	***

注：数据表示为平均值±标准误，同列数据上标含相同字母者差异不显著。* 表示 $P<0.05$，** 表示 $P<0.01$，*** 表示 $P<0.01$，ns 表示无显著差异。饲料配方和营养成分参见第三章第二节。

促进大黄鱼的免疫力和抗病力（Ai et al.，2011），得出不同结果可能是由于益生元的作用效果受到各种因素的影响，比如添加剂的添加量、作用期、鱼的品种以及生长阶段等（Ibrahem et al.，2010）。益生菌的作用效果可能是由于改善了肠道的内环境，提高了有益菌所占的比例，对有害菌造成了竞争，这对提高鱼类肠道健康和免疫反应能力都是有益的（Balcázar et al.，2007；Aly et al.，2008）。

虽然单独添加果寡糖和芽孢杆菌也提高了三角鲂的免疫力，但是复配产生的效果更好，本研究得出添加 0.3％果寡糖和 $1×10^7$ CFU/g 芽孢杆菌复配使用组与单独使用果寡糖和芽孢杆菌相比，显著提高了血液白细胞数、ACP、补体 ACH50、MPO 活性以及免疫球蛋白的含量，这可能是由于复配使用刺激了三角鲂体内不同途径的免疫系统，调节免疫应答的功能增强，并且益生元可以为益生菌提供能量，调节益生菌的生长、增殖和活性（Kailasapathy and Chin，2000）。之前已有报道证实果寡糖促进了小龙虾肠道内特定有益菌的生长并增强其免疫力。相似的复配效果在海参、南美白对虾和欧洲龙虾上都有报道（Li et al.，2007；Zhang et al.，2010；Daniels et al.，2010）。

本研究得出三角鲂血液免疫指标的升高意味着其免疫力的提高，白细胞数在免疫方面起着重要作用，并且能够反映鱼类的健康状况，许多免疫增强剂提高免疫力都会把白细胞数量的增加作为一个重要考察指标（Ellis，1999）。本研究得出添加果寡糖和地衣芽孢杆菌后白细胞数量增加，这可能与多肽蛋白的增加有关，在小鼠上证明多肽蛋白是白细胞产生的重要因素之一（Zhang et al.，1994）。溶菌酶是在抵抗细菌、病毒感染等方面起重要作用的一类物质，可以裂解病原菌，并且能够激活补体和吞噬细胞（Alexander and Ingram，1992；Magnadottir，2010）。溶菌酶活性的增强与白细胞数的升高有着密切关系，因为已有研究证实溶菌酶主要是白细胞分泌产生的（Cecchini，2000）。作为溶菌酶的代表性酶类，酸性磷酸酶有着和溶菌酶相似的趋势（Cheng，1989）。补体 ACH50 活性的增高可能与肝脏功能有一定的联系，研究证实补体蛋白主要是肝脏分泌产生的，肝脏功能的增强对补体活性的提高起着促进的作用（Holland，2002）。MPO 作为鱼类免疫系统的重要组成部分，它的升高证明了三角鲂免疫应答能力的提高。

血浆蛋白是血浆的重要组成部分，能够反映机体的健康状况（Misra et al.，2006），血浆蛋白的升高与免疫力的增强有着一定的关系，在所有蛋白的组成中球蛋白是重要的组成成分，在免疫系统中起重要作用（Magnadottir，2010）。免疫球蛋白 IgM 是硬骨鱼类重要的免疫蛋白，具有广泛的抗菌性，对机体有保护作用，因此它能反映机体的免疫状况（Israelson et al.，1991）。本研究得出血清总蛋白、球蛋白和免疫球蛋白在试验组都高于对照组，证明了免疫力的增强，这可能是由于果寡糖和芽孢杆菌在免疫反应的初始阶段激活了抗体的产生（Panigrahi et al.，2004），这也和白细胞数以及溶菌酶活性得出一致的结果。但是，本研究得出免疫球蛋白的水平在 22.54～28.91mg/L，高出之前在其他几种鱼类上的研究，这可能是因为免疫球蛋白受到很多因素的调节（Cuesta et al.，2004）。

（二）果寡糖和芽孢杆菌交互对三角鲂攻毒后成活率的影响

图 4-4 表示攻毒后三角鲂一周后的成活率，双因素结果显示单独添加果寡糖和芽孢杆菌对成活率无显著影响（$P>0.05$），但是三角鲂成活率显著受到果寡糖和芽孢杆菌交互作用的显著影响（$P<0.05$）。0.3%果寡糖和 $1×10^7$ CFU/g 芽孢杆菌复配使用的成活率最大。

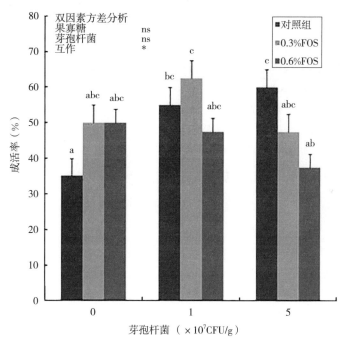

图 4-4　嗜水气单胞菌攻毒后 7d 的成活率

该研究证明，饲料中添加适宜水平的果寡糖和地衣芽孢杆菌提高了三角鲂攻毒之后的成活率，成活率最高值出现在果寡糖 0.3%和地衣芽孢杆菌 $1×10^7$ CFU/g 复配组，这是因为果寡糖和芽孢杆菌提高了免疫力，增强了抵抗病原菌的能力。之前报道芽孢杆菌和其他细菌之间存在营养物质、空间上的竞争关系，芽孢杆菌还能产生抗体对抗病原菌，这些都是成活率升高的原因（Cerezuela et al.，2008）；另一方面，益生菌还可以通过产生信号物质来调节机体的免疫力（Cross，2002）。本试验中芽孢杆菌激活补体信号通路使 IgM

的含量增高，这对病原菌的识别和免疫系统的激活起着重要作用。果寡糖通过调节肠道有益菌群来调节机体健康状态。之前的研究报道添加 0.1％～0.2％的果寡糖能够提高草鱼和异育银鲫的免疫指标和抵抗病菌的能力（卢明淼等，2010；明建华等，2008）。研究已证实果寡糖和芽孢杆菌能够促进双歧杆菌和乳酸菌的增殖而抑制有害菌的生长（Hartemink et al.，1997，Torrecillas et al.，2007；Ibrahem et al.，2010；Zhou et al.，2010）。非特异性免疫在鱼类免疫和抗病力方面起着重要作用，溶菌酶、补体 ACH50 和 MPO 等非特异性免疫指标通过添加果寡糖和芽孢杆菌都得到了提高。益生元和益生菌提高免疫力在其他研究中也有报道（Rengpipat et al.，1998；Kim and Austin，2006）。芽孢杆菌和果寡糖在抗病力方面也存在显著的交互作用，这和免疫指标和抗氧化指标得出的结果相一致。在海参研究中也得出 0.25％或 0.5％的果寡糖和枯草芽孢杆菌之间也存在显著的交互作用（Zhang et al.，2010），但是 Sun 等（2021）报道枯草芽孢杆菌和果寡糖在海参抗病力方面并无显著的交互作用，这可能是由于养殖品种、健康状况、环境条件等不同造成的（Ibrahem et al.，2010；Hoseinifar et al.，2011）。

果寡糖和地衣芽孢杆菌显著提高了三角鲂的免疫指标和抗病力，并且果寡糖和芽孢杆菌复配产生的作用效果明显好于单独使用任何一种。最好的复配组在 0.3％果寡糖和 $1×10^7$ CFU/g 地衣芽孢杆菌。

第四节　果寡糖和德氏乳酸菌对锦鲤免疫指标的影响

一、试验设计

挑选体格均一、健康的锦鲤 240 尾，初重（12.5±0.5）g，将试验鱼随机分为 4 组，每组 3 个重复，每缸放 20 尾鱼。第 1 组投喂基础日粮（D_1），第 2 组投喂基础日粮＋0.3％果寡糖（D_2），第 3 组投喂基础日粮＋$1×10^7$ CFU/g 德氏乳酸菌（D_3），第 4 组投喂基础日粮＋0.3％果寡糖和 $1×10^7$ CFU/g 德氏乳酸菌（D_4）。试验在室内玻璃缸中进行。水质条件：水温（25±1）℃，溶解氧≥6mg/L，氨和亚硝酸盐<0.001mg/L，pH（7.3±0.3）。光照 14h，黑暗10h。每天对水质进行测定并记录，每隔两天换水一次，换水量为总水量的1/5，每天投喂两次（8:00、17:00）试验鱼，初期日投喂量为鱼体重的2％～5％，后期根据增重情况和吃食情况进行调整，本养殖试验持续 8 周。

养殖试验结束后，采取 24h 饥饿处理，采样前用浓度为 100mg/L 的 MS-222 进行麻醉，每缸随机取出 6 尾鱼，尾静脉取血，转移至 10IU/mL 抗凝剂（肝素钠）处理过的离心管中，静置 1h 后，用离心机在 4℃、3 000g 条件下离心 10min，吸取上清液放入－80℃保存，以备分析血液生化指标和免疫指标。

二、结果

（一）饲料中添加果寡糖和德氏乳酸菌对锦鲤血液生化指标的影响

血液生化指标分析见表 4-3，各试验组的 AST、ALT 酶活性以及 TG、TC 含量与对照组相比，均有不同程度的降低。其中 D_4 组的 AST 和 ALT 活性显著低于对照组（$P<0.05$），但各试验组的 AST 和 ALT 活性差异不显著（$P>0.05$）；TG 含量在各试验组均显著低于对照组（$P<0.05$）；D_4 组 TC 含量显著低于对照组（$P<0.05$），D_2、D_3 组与对照组相比差异不显著（$P>0.05$），各组血清 TP 和 ALB 均无显著差异（$P>0.05$）。

表 4-3　饲料中添加果寡糖和德氏乳酸菌对锦鲤血液生化指标的影响

项目	对照组 （D_1）	0.3%FOS （D_2）	1×10^7 CFU/g 德氏乳酸菌 （D_3）	0.3%FOS+1×10^7 CFU/g 德氏乳酸菌 （D_4）
谷草转氨酶 AST（U/L）	78.06±4.29[a]	68.00±3.23[ab]	70.61±4.35[ab]	64.29±3.82[b]
谷丙转氨酶 ALT（U/L）	24.38±1.34[a]	21.24±1.0[ab]	22.06±1.36[ab]	20.08±1.19[b]
甘油三酯 TG（nmol/L）	0.68±0.05[a]	0.55±0.04[b]	0.52±0.02[b]	0.50±0.02[b]
总胆固醇 TC（nmol/L）	3.80±0.10[a]	3.50±0.13[ab]	2.97±0.45[ab]	2.78±0.15[b]
总蛋白 TP（g/L）	29.08±2.17	25.31±1.44	25.74±2.17	24.40±2.98
白蛋白 ALB（g/L）	12.54±0.46	11.5±0.65	11.36±0.71	11.09±0.78

注：数据表示为平均值±标准层，同行数据上标含相同字母者差异不显著。

鱼类血液生化指标能够反映机体的生理状况和健康情况。AST 和 ALT 主要存在肝组织中，当肝脏受损时，AST 和 ALT 会渗入血液，血液中二者活性越高，证明肝脏受损越严重。本研究结果表明复合添加剂组 AST 和 ALT 显著低于对照组；Hassaan 等（2014）研究得出尼罗罗非鱼饲料中添加芽孢杆菌和酵母提取物，血清 AST 和 ALT 活性显著下降；Marzouk 等（2008）对罗非鱼的研究得出了相似的结果。但是，赵峰等（2018）研究得出罗非鱼饲料中添加果寡糖和枯草芽孢杆菌，血清 AST 和 ALT 活性并无显著变化。试验组 TG 和 TC 含量有不同程度的降低，这表明果寡糖和德氏乳酸菌有调节脂肪代谢的作用，TG 和 TC 是反映脂肪代谢的重要指标，若血液中二者含量过高，表明体内脂肪积累较多，容易引起脂肪肝、肝肥大等疾病，研究发现果寡糖能降低血液 TG 和 TC 含量，这可能与果寡糖降低脂肪细胞内脂肪合成代谢酶含量，抑制脂肪合成，从而降低细胞内 TG 含量有关（Wang et al.，2011）。

（二）饲料中添加果寡糖和德氏乳酸菌对锦鲤血液免疫指标的影响

由表 4-4 可知，血液免疫指标活性在试验组有不同程度的升高，各指标在果寡糖和德氏乳酸菌复合组活性最高。其中 LYS 和 ACP 活性以及补体 C3 含量在 D_3 组和 D_4 组均显著高于对照组（$P<0.05$），但是与 D_2 组差异不显著（$P>0.05$）；补体 C4 含量在 D_2、D_3 和 D_4 组均显著高于对照组（$P<0.05$），但 D_2、D_3 和 D_4 组之间差异不显著（$P>0.05$）；血浆 AKP 活性在各组之间差异均不显著（$P>0.05$）。

表 4-4 饲料中添加果寡糖和德氏乳酸菌对锦鲤血液免疫指标的影响

项目	对照组（D_1）	0.3%FOS（D_2）	1×10^7 CFU/g 德氏乳酸菌（D_3）	0.3%FOS+1×10^7 CFU/g 德氏乳酸菌（D_4）
溶菌酶（U/mL）	120.14 ± 9.27^b	139.17 ± 8.79^{ab}	158.02 ± 6.63^a	162.64 ± 8.86^a
补体 C3（$\mu g/mL$）	24.03 ± 1.16^b	29.14 ± 2.06^{ab}	31.74 ± 2.77^a	35.04 ± 2.22^a
补体 C4（$\mu g/mL$）	20.46 ± 0.93^b	24.94 ± 1.24^a	25.90 ± 1.60^a	29.13 ± 1.23^a
酸性磷酸酶（U/L）	32.31 ± 2.22^b	37.97 ± 2.69^{ab}	42.69 ± 2.39^a	45.99 ± 3.16^a
碱性磷酸酶（U/L）	24.16 ± 1.82	25.91 ± 1.60	27.31 ± 0.73	28.74 ± 1.07

注：数据表示为平均值±标准误，同行中标有不同小写字母者表示组间有显著性差异（$P<0.05$），标有相同小写字母者表示组间无显著性差异（$P>0.05$）。

非特异性免疫是鱼类免疫的重要组成部分，能抵抗各种病原体。血清溶菌酶活力是非特异性免疫的一个重要指标，存在于鱼类的皮肤、血清和各类腺体分泌物中，能够杀灭革兰氏阳性菌，对于抵抗各种病原体的入侵具有重要意义（Grinde et al.，1998）。ACP 和 AKP 是机体内重要的磷酸酶，主要参与机体的信号传导、能量转化和磷酸酯的代谢等，同时也是溶酶体的重要标志，在参与机体免疫方面起到重要作用（崔培等，2013）。补体 C3、补体 C4 含量在一定程度上也能反映机体的免疫力，该试验结果得出饲料中添加果寡糖和德氏乳酸菌不同程度地提高了血液 LYS、ACP、AKP 的活性以及补体 C3、补体 C4 含量，增强机体的非特异性免疫。果寡糖和德氏乳酸菌的联合作用可能因为果寡糖可以为益生菌提供碳源，促进有益菌的生长、增殖，而不能被梭状芽孢杆菌、大肠杆菌等有害菌利用（Soibam et al.，2019）。

第五节 果寡糖对其他鱼类免疫指标的影响

一、对乌鳢血液免疫指标的影响

为了研究果寡糖与黄芪多糖对乌鳢免疫能力的影响。在基础饲料（对照组

D_1，蛋白 41.24%，脂肪 7.21%）中分别添加黄芪多糖（1.5g/kg）、黄芪多糖（1.1g/kg）＋果寡糖（2.5g/kg）、黄芪多糖（0.7g/kg）＋果寡糖（5g/kg）、黄芪多糖（0.3g/kg）＋果寡糖（7.5g/kg）、果寡糖（10g/kg），共产生 5 组试验饲料（D_2、D_3、D_4、D_5、D_6），在网箱（1.0m×1.0m×1.0m）中开展乌鳢养殖试验，养殖周期为 60d。

果寡糖和黄芪多糖对杂交乌鳢免疫酶活性的影响，由表 4-5 可知：摄食 D_2 和 D_4 组饲料的杂交乌鳢血清溶菌酶含量显著高于投喂 D_1、D_3 和 D_5 组（$P<0.05$）；而投喂 D_3、D_5 和 D_6 组饲料的杂交乌鳢血清溶菌酶含量差异不显著（$P>0.05$）；但显著高于对照组（$P<0.05$）；投喂 D_2、D_3 和 D_6 组饲料的杂交乌鳢酸性磷酸酶含量差异不显著（$P>0.05$），但显著高于对照组（$P<0.05$）；投喂 D_2 和 D_4 组饲料的杂交乌鳢补体 C3 显著高于对照组（$P<0.05$）；投喂 D_4 组饲料的杂交乌鳢补体 C4 显著高于 D_5 和对照组（$P<0.05$）；投喂 D_4 组饲料的杂交乌鳢酸性磷酸酶含量显著高于 D_3、D_5、D_6 和对照组（$P<0.05$）。

表 4-5　果寡糖和黄芪多糖对杂交乌鳢免疫酶活性的影响

饲料	溶菌酶含量（$\mu g/mL$）	每百毫升样品中酸性磷酸酶活性（U）	补体 C3（$\mu g/mL$）	补体 C4（$\mu g/mg$）
D_1	4.82±0.11[a]	53.28±2.84[a]	65.70±3.60[a]	132.00±6.00[a]
D_2	6.06±0.32[c]	70.08±2.00[cd]	92.30±3.10[c]	152.00±5.00[ab]
D_3	5.34±0.11[ab]	67.84±2.62[bc]	81.20±5.20[ab]	144.00±7.00[ab]
D_4	6.08±0.15[c]	79.04±3.13[d]	97.10±2.60[c]	153.00±6.00[b]
D_5	5.40±0.26[ab]	62.29±2.35[b]	78.40±3.20[ab]	132.00±3.00[a]
D_6	5.81±0.14[bc]	69.61±3.73[bc]	79.60±2.20[ab]	135.00±5.00[ab]

注：数据表示为平均值±标准误，同列中标有不同小写字母者表示组间有显著性差异（$P<0.05$），标有相同小写字母者表示组间无显著性差异（$P>0.05$）。

黄芪多糖和果寡糖对杂交乌鳢全血呼吸爆发活力有显著影响（$P<0.05$）（图 4-5）。投喂 D_4 组饲料的杂交乌鳢的全血呼吸爆发活力显著高于投喂 D_3、D_5 和对照组（$P<0.05$）；投喂 D_2 和 D_6 组饲料的杂交乌鳢的全血呼吸爆发活力差异不显著（$P>0.05$），但显著高于对照组（$P<0.05$）。

图 4-6 表示果寡糖和黄芪多糖对杂交乌鳢血浆中免疫球蛋白 M 含量的影响。投喂 D_2 和 D_4 组饲料的杂交乌鳢血浆免疫球蛋白 M 含量显著高于对照组（$P<0.05$），且 D_4 组显著高于其他 5 组（$P<0.05$）；投喂 D_2、D_3、D_5 和 D_6 组饲料的杂交乌鳢血浆免疫球蛋白 M 含量差异不显著（$P>0.05$）。

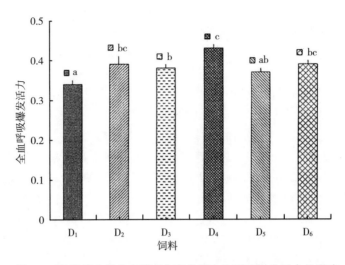

图 4-5　果寡糖和黄芪多糖对杂交乌鳢全血呼吸爆发活力的影响

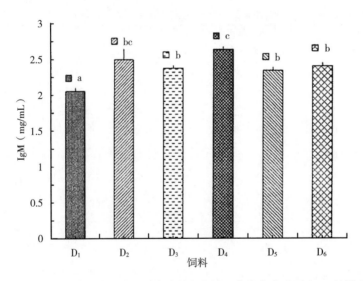

图 4-6　果寡糖和黄芪多糖对杂交乌鳢血浆中免疫球蛋白 M 的影响

二、对罗非鱼血液免疫指标的影响

各组鱼血清非特异性免疫指标 LSZ、ACP、SOD 的分析结果见表 4-6。各试验组血清 LSZ 酶和 ACP 酶活性显著高于对照组（$P < 0.05$）；各试验组 SOD 不同程度高于对照组，其中 0.1%AM 组 SOD 显著提高 10.87%（$P < 0.05$），各试验组间差异均显著（$P < 0.05$）。

表 4-6　FOS、枯草芽孢杆菌（BS）、AM 对奥尼罗非鱼血清某些非特异性免疫指标的影响（赵峰等，2019）

项目	对照组	0.4%FOS	0.2% 枯草芽孢杆菌	0.4%FOS+0.2% 枯草芽孢杆菌	0.1% 金霉素
LSZ(U/mL)	88.69±1.75[d]	119.56±2.31[c]	135.79±0.58[b]	165.53±11.95[a]	167.67±4.19[a]
ACP(U/L)	30.69±1.67[d]	37.65±1.36[c]	35.49±0.24[c]	50.36±1.81[b]	58.67±0.62[a]
SOD(U/mL)	42.33±0.44[b]	43.19±0.79[ab]	42.62±0.48[ab]	45.50±0.59[ab]	46.93±2.40[a]

注：数据表示为平均值±标准误，同行中标有不同小写字母者表示组间有显著性差异（$P<0.05$），标有相同小写字母者表示组间无显著性差异（$P>0.05$）。

血清 LSZ 是一种小分子碱性蛋白质，经常存在于组织浸出液、血液及腺体分泌物中，它能杀灭革兰氏阳性菌，而对革兰氏阴性菌无效，因为它能水解革兰氏阳性菌细胞壁中黏肽的乙酰氨基多糖，从而使细菌细胞壁破损而崩解。血清 LSZ 活性增加表示鱼类非特异性免疫功能增强，该试验中 FOS 能提高鱼血清 LSZ 活性，从而增强鱼体非特异性免疫机能。血清 SOD 活力增强也提示鱼体非特异性免疫力提高。SOD 可作为抗自由基的一个重要指标用来衡量动物体是否受到损伤。通常情况下，机体内自由基的产生和清除保持动态平衡，当鱼体受病原微生物入侵或其他环境胁迫时，鱼血清 SOD 活性将下降，清除体内自由基的能力随之下降。该研究中，FOS 组鱼血清 SOD 较对照组显著升高（$P<0.05$），提示 FOS 能提高奥尼罗非鱼的非特异性免疫和抗氧化机能。血清 ACP 作为衡量水生动物非特异性免疫的指标之一，能够作为磷酸基团的转运者为 ATP 的产生起到非常重要的作用，主要参与能量转化、信号传导、磷酸酯的代谢调节等，同时还是溶酶体的标志酶。该试验中，各试验组 ACP 活性较对照组升高，表明 FOS 可增强鱼体非特异性免疫机能。

三、对花鲈免疫的影响

根据花鲈营养需求，以鱼粉和豆粕为蛋白源，鱼油和豆油为脂肪源，面粉为主要糖源，并补充维生素、无机盐等微量元素配制成粗蛋白含量 42.24%、粗脂肪含量 11.9% 的基础饲料（饲料配方及营养组成见表 2-1）。采用单因子浓度梯度法，在基础饲料中添加 5 个浓度梯度果寡糖（FOS），配制成 6 种 FOS 含量为 0mg/kg（对照组）、500mg/kg（0.05%组）、1 000mg/kg（0.1%组）、2 000mg/kg（0.2%组）、4 000mg/kg（0.4%组）、6 000mg/kg（0.6%组）试验用饲料。所有原料用锤式粉碎机粉碎后过 80 目筛，按一定比例混匀后加入油脂和去离子水，再混匀并揉成面团，用双螺杆挤压机（华南理工大学，CD4×1 TS 型多功能催化剂成形机）制成直径为 4mm 的颗粒饲料，阴干后置于自封袋内-20℃保存备用。

由表 4-7 可以看出，各试验组花鲈血清 TP 随 FOS 添加量增加呈逐渐上升趋势，0.6%组花鲈血清 TP 最高，但与对照组比无显著性差异（$P>0.05$）；各试验组花鲈血清 AKP 活力随 FOS 添加量的递增呈先上升后下降趋势，但均高于对照组，以 0.1%组 AKP 活力最高，0.05%、0.1%和 0.2%组花鲈血清 AKP 活力分别显著高于对照组 24.08%、26.27%和 25.91%（$P<0.05$），其余各试验组花鲈血清 AKP 活力与对照组比差异不显著（$P>0.05$）。随着 FOS 添加量升高，各试验组花鲈血清 LZM 含量呈先上升后下降趋势，0.2%组花鲈血清 LZM 含量最高，显著高于对照组 29.25%（$P<0.05$），其余各试验组花鲈血清 LZM 含量均高于对照组，但无显著性差异（$P>0.05$）。各试验组花鲈血清 T-SOD 活力均高于对照组，0.2%组花鲈血清 T-SOD 活力最高，但与对照组比差异不显著（$P>0.05$）。

表 4-7　果寡糖对花鲈血清生化指标及免疫功能的影响

添加水平（%）	TP（g/L）	AKP（每百毫升样品中，U）	LZM（U/mL）	T-SOD（U/mL）
0	20.83±0.81[a]	2.74±0.25[a]	172.94±7.65[a]	106.00±1.40[a]
0.05	21.46±0.41[a]	3.40±0.06[b]	220.00±8.00[ab]	108.06±4.24[a]
0.10	21.66±0.88[a]	3.46±0.26[b]	211.76±20.38[ab]	110.90±1.45[a]
0.20	22.16±1.15[a]	3.45±0.10[b]	223.53±20.37[b]	113.33±2.31[a]
0.40	24.55±0.56[b]	3.04±0.08[ab]	204.90±13.19[ab]	107.00±1.85[a]
0.60	25.13±0.41[b]	3.21±0.08[ab]	200.00±13.58[ab]	106.90±2.07[a]

注：数据表示为平均值±标准误，同列中标有不同小写字母者表示组间有显著性差异（$P<0.05$），标有相同小写字母者表示组间无显著性差异（$P>0.05$）。

四、对斜带石斑鱼免疫指标的影响

试验饲料为 4 组等氮等能饲料，以秘鲁鱼粉、豆粕和虾粉作为蛋白源，鱼油和豆油作为脂肪源，面粉为糖源。试验分基础饲料组（对照组）及 3 个分别在基础饲料中添加质量分数为 0.05%、0.10%以及 0.20%果寡糖的试验组。试验 28d 时，0.10%试验组和 0.20%试验组血清超氧化物歧化酶活性均显著高于对照组（$P<0.05$）；试验 56d 时，试验组血清超氧化物歧化酶活性均高于对照组，其中 0.20%试验组超氧化物歧化酶活性显著高于对照组（$P<0.05$）（表 4-8）。28d 时，试验组溶菌酶活性均显著高于对照组（$P<0.05$），56d 时，试验组溶菌酶活性均高于对照组，其中 0.05%试验组和 0.10%试验组溶菌酶活性显著高于对照组（$P<0.05$）。28d 时，各试验组血清酸性磷酸酶活性均显著高于对照组（$P<0.05$），试验 56d 时，各试验组酸性磷酸酶活性均高于对照组，其中 0.20%试验组酸性磷酸酶活性显著高于对照组（$P<$

0.05）。28d 时，试验组碱性磷酸酶活性均高于对照组但差异不显著（$P>$ 0.05），56d 时 0.05％试验组和 0.20％试验组碱性磷酸酶活性高于对照组，但差异不显著（$P>0.05$）。

表 4-8　果寡糖对斜带石斑鱼免疫指标的影响（胡凌豪，2019）

项目	时间（d）	对照组	0.05％试验组	0.10％试验组	0.20％试验组
超氧化物歧化酶	28	211.89±3.37[a]	209.38±9.34[a]	235.71±5.37[b]	256.61±5.48[c]
（U/mL）	56	214.61±9.39[a]	223.69±3.05[a]	232.22±11.65[ab]	254.78±9.55[b]
溶菌酶	28	111.11±16.80[a]	219.05±9.52[c]	158.73±8.40[b]	158.73±25.98[b]
（IU/mL）	56	106.67±12.02[a]	140.00±20.82[b]	145.00±5.00[b]	115.00±5.00[ab]
酸性磷酸酶	28	83.3±3.2[a]	94.1±2.8[b]	95.0±4.6[b]	108.1±2.1[c]
（U/L）	56	77.2±0.7[a]	81.9±3.1a[b]	80.0±2.1[a]	88.0±3.2[b]
碱性磷酸酶	28	106.6±4.5	118.1±10.5	114.0±7.8	119.7±6.6
（U/L）	56	88.8±2.3	93.8±4.7	88.0±8.7	108.6±10.0

注：数据表示为平均值±标准误差，同行中标有不同小写字母者表示组间有显著性差异（$P<$ 0.05），标有相同小写字母者表示组间无显著性差异（$P>0.05$）。

五、对尼罗罗非鱼非特异性免疫及抗病力的影响

挑选规格整齐、体质健壮、平均体重为（3.64±2.43）g 的罗非鱼随机分为 4 组，放入 8 个水泥池（470cm×270cm×80cm）中，每池 70 尾。对照组为基础饲料，分别在基础饲料中添加 1g/kg（A 组），2g/kg（B 组）和 3g/kg（C 组）的果寡糖，每组设 2 个重复，试验连续进行 12 周。试验用水为经过曝气的自来水，于饲养试验的第 12 周进行攻毒试验。用 0.85％生理盐水洗脱经血平板活化的无乳链球菌（*Streptococcus agalactiae*）菌苔，制成悬液。每组随机取 50 尾鱼，每尾鱼腹腔注射 0.1mL、浓度为 $1.0×10^9$ CFU/mL 的无乳链球菌的活菌液。观察 1 周，统计试验鱼死亡率，计算免疫保护率。

FOS 对尼罗罗非鱼血清 LSZ 活性的影响见图 4-7。结果表明，用含不同

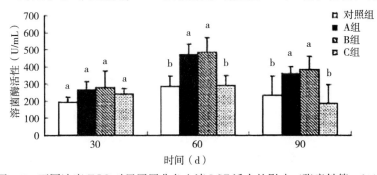

图 4-7　不同浓度 FOS 对尼罗罗非鱼血清 LSZ 活力的影响（张意敏等，2014）

FOS水平的饲料投喂尼罗罗非鱼，A组和B组尼罗罗非鱼血清LSZ活性呈现先升高后降低的趋势，在60d达到最大值，与对照组差异显著（$P<0.05$），另外，B组LSZ活性略大于A组活性，但组间差异不显著（$P>0.05$）。C组与对照组无显著差异（$P>0.05$）。

本试验中，当饲料中FOS含量为1g/kg和2g/kg时，尼罗罗非鱼血清中LSZ活性显著高于对照组，并在第60天达到最大值。这与在草鱼基础饲料中添加2g/kg FOS可以显著提高血液白细胞的吞噬活性和血清溶菌酶活性的研究结果一致。LSZ活性的提高，表明鱼类吞噬细胞活性加强，非特异性免疫功能增强。

FOS对尼罗罗非鱼血清SOD活性的影响见图4-8。结果表明，A组SOD活性在第30天开始显著高于对照组（$P<0.05$），并且在试验期间一直保持上升趋势；而B组SOD活性在第60天与对照组差异显著（$P<0.05$），并在此时达到其活性最大值；C组SOD活性虽然略高于对照组，但是差异并不显著（$P>0.05$）。

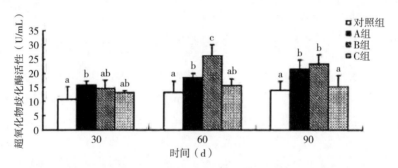

图4-8 不同浓度FOS对尼罗罗非鱼血清SOD活力的影响（张意敏等，2014）

经无乳链球菌攻毒后，各试验组的相对保护率见表4-9。结果表明，A组的死亡率和相对保护率分别是38％和55.81％，B组的死亡率和相对保护率分别是28％和67.44％。A组和B组都能有效降低攻毒后罗非鱼的死亡率，大大提高了其相对保护率；C组的死亡率和相对保护率分别是80％和6.9％。攻毒试验可以客观评价生物体对于外界病原菌的抵抗能力，直观反映机体免疫能力强弱。本研究中各试验组尼罗罗非鱼经无乳链球菌攻毒，结果A组和B组对无乳链球菌的抵抗能力较强，其死亡率与对照组相比有较大幅度的降低，其中尤以B组的效果更为显著，其相对保护率最高。这与其他低聚糖在提高鱼体抗病力中的作用类似，瞿少伟等的研究表明添加虾蟹壳聚糖和昆虫壳聚糖都可以提高鲫抗嗜水气单胞菌感染的半致死浓度，其中昆虫壳聚糖处理组效果更为显著。该研究中添加高剂量FOS的C组不仅各种血清免疫相关指标与对照组无显著差异，而且相对保护率也较低，原因可能是添加过量的FOS会限制鱼体肠道有益微生物的增殖，进而影响到机体的免疫机能。

表 4-9　不同浓度 FOS 对尼罗罗非鱼攻毒的保护作用（张意敏等，2014）

组别	试验鱼数量（尾）	死亡鱼数量（尾）	死亡率（%）	相对保护率（%）
A	50	19	38	55.81
B	50	14	28	67.44
C	50	40	80	6.9
对照组	50	43	86	-

综上所述，当饲料中 FOS 添加量在 $1\sim2g/kg$ 时，可以显著提高尼罗罗非鱼的血清非特异性免疫功能，并且可有效提高鱼体对无乳链球菌的抵抗力。

六、对草鱼非特异性免疫功能的影响

（一）试验设计

试验草鱼取自武汉市野芷湖渔场，平均体重 100g，活泼无外伤，将试验鱼饲养于华中农业大学水产养殖基地待其适应环境并确认无疾病症状后开始正式试验。试验鱼随机分为 4 组（编号分别为 A_0、A_1、A_2、A_3 组），每组设 3 个重复。A_0 组为对照组，投喂基础饲料；A_1、A_2、A_3 组为试验组分别投喂果寡糖添加量为 0.5g/kg、2g/kg、4g/kg 的饲料。在整个试验期间保持微流水水源为曝气 24h 以上的自来水，水温为（24 ± 2）℃，pH $6.8\sim7.4$。每日投饲料 2 次（8:30—09:00 和 16:00—16:30），投喂量为鱼体重的 3%～5%。

投喂试验饲料 56d 后，各组草鱼按每千克体重 10^8 CFU 的注射量，经胸鳍基部注射病原性嗜水气单胞菌，饲养观察 14d。对攻毒死亡的鱼体进行解剖并分离致病菌，判断是否由致病菌感染致死，统计各组的死亡率。

（二）结果

投喂果寡糖后，草鱼白细胞吞噬百分比（PP）呈现明显的剂量和时间关系（图4-9），A_1（0.5g/kg）组在试验的第 42 天后 PP 显著高于对照组（$P<0.05$）；A_2（2.0g/kg）组、A_3（4.0g/kg）组的 PP 分别在第 7 天与第 21 天开始显著高于对照组（$P<0.05$），且 A_2 组与其他试验组的差异明显（$P<0.05$）。白细胞吞噬指数（PI）也有类似的变化（图4-10），但 A_1 和 A_3 组在第 42 天或第 56 天时与对照组的差异不明显（$P>0.05$）。

投喂果寡糖后，A_1 组、A_3 组草鱼血清溶菌酶活性从第 14 天开始均显著高于对照组（A_3 组在第 21 天除外）（$P<0.05$）；A_2 组从第 7 天开始就显著高于对照组（$P<0.05$），同时也显著高于其他试验组（$P<0.05$）（图4-11）。

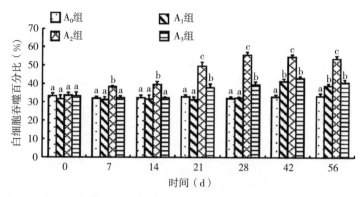

图 4-9　投喂果寡糖后草鱼白细胞吞噬百分比的变化（卢明淼等，2010）

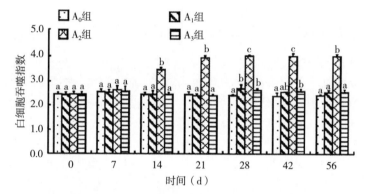

图 4-10　投喂果寡糖后草鱼白细胞吞噬指数的变化（卢明淼等，2010）

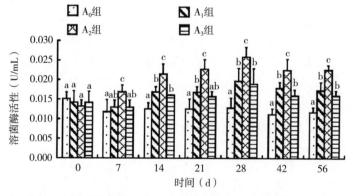

图 4-11　投喂果寡糖后草鱼溶菌酶的变化（卢明淼等，2010）

　　投喂果寡糖对草鱼血清补体 C3 含量的影响结果见图 4-12。A_1 组在整个试验期间与对照组差异不显著（$P>0.05$），A_3 组除在第 21 天与对照组差异显著外其余各时间差异均不显著（$P>0.05$），A_2 组在第 7～56 天与对照组间

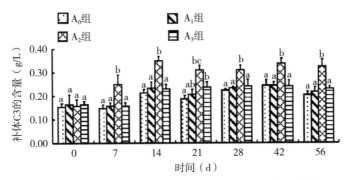

图 4-12　投喂果寡糖后草鱼血清补体 C3 含量的变化（卢明森等，2010）

均有显著差异（$P < 0.05$）。草鱼血清补体 C4 的含量变化与补体 C3 含量的变化相似（图 4-13），A_2 组从第 7 天开始显著高于对照组（$P < 0.05$），其他各组间均无显著差异（$P > 0.05$）。

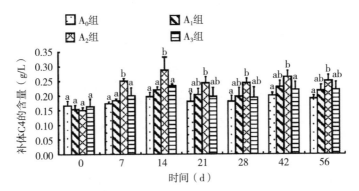

图 4-13　投喂果寡糖后草鱼血清补体 C4 的变化（卢明森等，2010）

试验鱼经嗜水气单胞菌活菌攻毒 14d 后，投喂基础饲料的对照组（A_0）和投喂果寡糖剂量 0.5g/kg 饲料的试验组（A_1）草鱼死亡率最高，累计达到 46.7%；其次是投喂果寡糖剂量 4g/kg 饲料的试验组（A_3），为 40.0%。投喂果寡糖剂量 2g/kg 饲料的试验组（A_2）死亡率最低，为 33.3%。

七、对银鲫非特异性免疫功能的影响

为研究果寡糖对银鲫非特异性免疫功能的影响，以 50g 左右的银鲫为试验对象。在其基础饲料中分别添加浓度为 0.5g/kg（A_1 组）、1g/kg（A_2 组）、2g/kg（A_3 组）、4g/kg（A_4 组）的果寡糖，另设基础饲料为对照组（A_0 组），分别于 7d、14d、21d、28d、42d、56d 检测银鲫血液中白细胞吞噬活性、血清溶菌酶活力、血清 SOD 酶活性和补体 C3 的含量。银鲫购自武汉水生生物研究所良种站。试验鱼饲养于华中农业大学水产养殖基地，采用流水养殖，pH 为 6.4～7.0，全天 24h 充氧。试验鱼用 1％的食盐水消毒，驯养 14d 后开始正式试验。每天上午 9：00 和下午 4：00 分别按体重的 3％～5％投喂相应饲料。整个试验期间水温保持在 22～28℃。

投喂果寡糖对银鲫白细胞吞噬活性的影响结果见图 4-14、图 4-15。在试验的第 7 天 A₃ 组白细胞吞噬百分率和吞噬指数显著高于 A₀ 组（$P<0.05$）。在试验 14d，A₂ 组、A₃ 组 PP 和 Pi 值显著高于 A₀ 组（$P<0.05$），A₃ 组 PP 和 Pi 值在第 14 天时达到最大值为 58％和 6.43。在试验的第 28 天，A₂ 组的

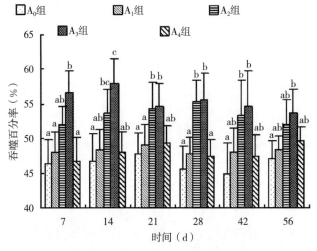

图 4-14　果寡糖对银鲫白细胞吞噬百分率的影响（王艳等，2008）

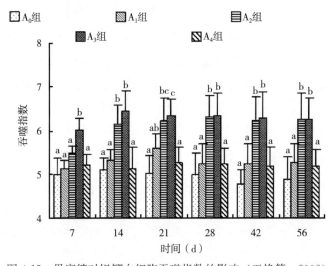

图 4-15　果寡糖对银鲫白细胞吞噬指数的影响（王艳等，2008）

PP 和 Pi 值达到最大值为 55.33％和 6.31。28～56d 这一阶段，A_2、A_3 组 PP 和 Pi 值下降，并趋于稳定。在整个试验期间，A_2、A_3 组的 PP 和 Pi 值显著高于 A_0 组（$P<0.05$），且 A_3 组优于 A_2 组。A_0、A_1、A_4 组之间在各时间点均无显著差异（$P>0.05$）。A_0、A_1、A_4 组之间在各时间点均无显著差异（$P>0.05$）。

投喂果寡糖对银鲫血清溶菌酶活性的影响结果见图 4-16。在试验的第 7 天，A_2 组、A_3 组的血清溶菌酶活性与 A_0 组相比差异显著（$P<0.05$）。在试验的第 14 天，A_3 组血清溶菌酶活性达到最大值 0.025，在试验的第 21 天 A_2 组的血清溶菌酶活性达到最大值 0.022。21～56d 这一阶段，A_2、A_3 组血清溶菌酶活性值下降，并趋于稳定。在整个试验期间 A_2、A_3 组的血清溶菌酶活性显著高于 A_0 组（$P<0.05$），且 A_3 组优于 A_2 组。A_0、A_1、A_4 组之间在各时间点均无显著差异（$P>0.05$）。

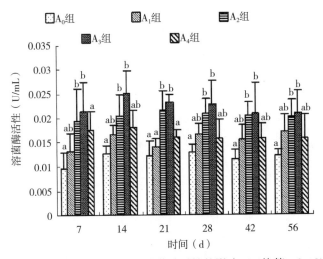

图 4-16　果寡糖对银鲫血清溶菌酶活性的影响（王艳等，2008）

在试验的第 7 天 A_2 组、A_3 组的血清超氧化物歧化酶活性显著高于 A_0 组（$P<0.05$），其中 A_3 组的血清超氧化物歧化酶活性在 7d 达到最大值为 415.20，A_2 组 14d 达到最大值为 410.15。14～56d 这一阶段，A_2、A_3 组血清超氧化物歧化酶活性值下降，并趋于稳定。在整个试验期间，A_2、A_3 组血清超氧化物歧化酶活性显著高于 A_0 组（$P<0.05$），且 A_3 组优于 A_2 组。A_0、A_1、A_4 组之间在各时间点均无显著差异（$P>0.05$）（图 4-17）。

在试验的第 7 天，A_2、A_3 组的血清补体 C3 含量显著高于 A_0 组（$P<0.05$）。在试验的第 14 天，A_2、A_3 组补体 C3 含量达到最大值，分别为 0.30、0.38，21～56d 这一期间，血清补体 C3 含量下降并趋于稳定。在整个试验期

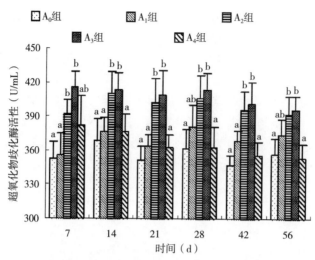

图 4-17　果寡糖对银鲫血清超氧化物歧化酶活性的影响（王艳等，2008）

间 A_2、A_3 组的血清补体 C3 含量显著高于 A_0 组（$P<0.05$），A_3 组从第 14 天开始显著高于 A_2 组（$P<0.05$）。A_0、A_1、A_4 组之间在各时间点均无显著差异（$P>0.05$）（图 4-18）。

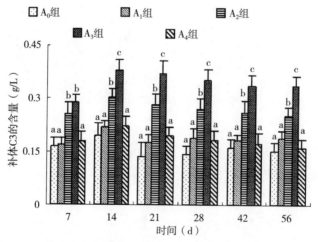

图 4-18　果寡糖对银鲫血清补体 C3 含量的影响（王艳等，2008）

第六节　果寡糖对虾蟹免疫指标的影响

一、对小龙虾血液免疫的影响

在饲料中添加不同浓度的果寡糖，随着饲料中果寡糖添加量的增加，溶菌酶活性则呈现先上升后下降的趋势，各试验组与对照组相比均差异显著（$P<$ 0.05），0.5%组最为显著，试验组之间差异显著（$P<0.05$）。碱性磷酸酶、蛋白浓度和铜蓝蛋白皆呈现先上升后下降的趋势，蛋白浓度和铜蓝蛋白含量在 0.5%组最高，碱性磷酸酶活性在 0.3%时最高。NO 活性则随着果寡糖添加量的上升而持续上升（表 4-10）。

表 4-10　果寡糖对克氏原螯虾血液免疫指标的影响（杨维维，2014）

果寡糖添加量（%）	溶菌酶（mg/mL）	碱性磷酸酶（U/L）	蛋白浓度（g/L）	一氧化氮	铜蓝蛋白（mg/L）
0	0.65 ± 0.01^d	4.67 ± 0.15^c	75.27 ± 8.67^b	43.56 ± 3.14^b	195.16 ± 18.24^c
0.1	0.82 ± 0.13^c	4.69 ± 0.11^c	81.23 ± 9.52^{ab}	54.88 ± 11.14^{ab}	215.81 ± 20.89^{bc}
0.3	0.98 ± 0.01^b	6.74 ± 0.11^a	84.25 ± 7.12^{ab}	55.28 ± 6.84^{ab}	234.1 ± 28.15^{ab}
0.5	1.34 ± 0.17^a	6.69 ± 0.09^a	95.08 ± 6.29^a	62.13 ± 6.33^a	254.1 ± 19.22^a
0.7	0.84 ± 0.13^c	5.87 ± 0.09^b	82.3 ± 6.08^{ab}	66.63 ± 4.51^a	239.35 ± 19.25^{ab}

二、对中华绒螯蟹免疫功能的影响

将初重为（17.74+0.39）g 的中华绒螯蟹先暂养 2 周，暂养期间饲喂基础饲料，暂养结束后，挑选健康、规格一致的中华绒螯蟹 594 只，随机分到 18 个水泥池（5m×5m×1m，长×宽×高），每组 3 重复，每池 33 只中华绒螯蟹，试验在室外水泥池进行，试验周期是 60d。试验用水为经过曝气的自来水，在试验期间水温（24±2）℃，pH 8.5～8.6，溶解氧保持在 5mg/L。分别在日粮中加入 0.5g/kg、1.00g/kg、1.5g/kg、2.0g/kg 和 2.5g/kg 的 FOS（分别命名为 TF_1，TF_2，TF_3，TF_4 和 TF_5），将不含 FOS 的饲料作为对照饮食（TN）。通过筛分蛋白源来制备饲料，并将所有原料充分混合后加入脂质源，再次充分混合。加入 30%的蒸馏水，混合 15min 后，用绞肉机挤出直径 2.5mm 的饲料颗粒。将挤压出的日粮在通风室中干燥 24h 后，在 20℃下密封的塑料袋中储存。中华绒螯蟹每天 08：00 和 18：00 进行喂养。

血液 AKP 活性在 TF_4 组出现最高值，显著高于其他各组（$P<0.05$），而 TF_1、TF_2、TF_3 和 TF_5 组与对照组相比差异不显著（$P>0.05$）；另外，中华绒螯蟹在饲喂 TF_4 组饲料后，ACP 活性显著高于对照组和 TF_2 组（$P<$ 0.05），但是与 TF_1、TF_3 和 TF_5 组相比差异不显著（$P>0.05$）（图 4-19）。

从图 4-20 可以看出，LITAF 的相对表达量随着果寡糖添加量的增加呈现先下降后上升的趋势，TF_4 组 LITAF 的相对表达量显著低于对照组和 TF_1 组（$P<0.05$）。而随着果寡糖添加量的增加，ILF-2 的表达量呈现先上升后下降的趋势，并在 TF_1、TF_3 和 TF_4 组显著高于对照组（$P<0.05$），其中在 TF_4

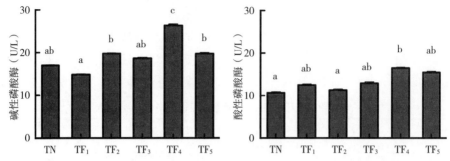

图 4-19 饲料中添加果寡糖对中华绒螯蟹血液 AKP 和 ACP 指标的影响

组出现最高值。另外，PX 的相对表达量和 ILF-2 的表达量呈现相同的趋势，并在 TF₄ 组显著高于其他各组（$P < 0.05$）。

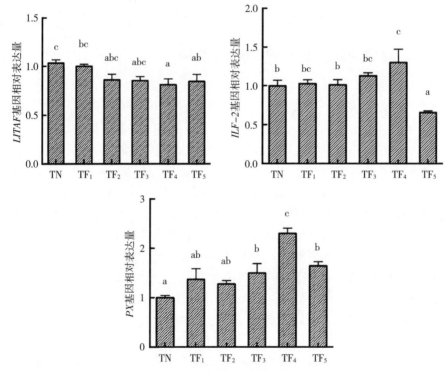

图 4-20 饲料中不同水平的果寡糖对中华绒螯蟹肝胰腺 LITAF、ILF-2、PX 的影响

将嗜水气单胞菌注射到中华绒螯蟹的腹部，观察并记录 96h 后的累计死亡率。从表 4-11 中可以看出饲料中添加果寡糖使中华绒螯蟹的累计死亡率下降，并在 TF₄ 组显示最低，与对照组相比差异显著（$P < 0.05$）。在 TF₃ 组（14.2%）和 TF₄ 组（25%）显示出较高的相对免疫保护率。

表 4-11　添加果寡糖杜迪中华绒螯蟹死亡率和免疫保护率的影响

饲料	累计死亡率％（96h）	相对免疫保护率％（96h）
TN	66.67 ± 0.00^a	—
TF_1	62.50 ± 0.00^a	6.25
TF_2	63.34 ± 3.34^a	5.00
TF_3	57.20 ± 0.00^{ab}	14.20
TF_4	50.00 ± 5.56^b	25.00
TF_5	60.72 ± 0.72^a	8.93

第五章　果寡糖对水产动物
抗氧化功能的影响

第一节　水产动物的抗氧化系统

生物体中的抗氧化系统主要包括酶促系统和非酶促系统。其中酶促系统主要包括超氧化物歧化酶（SOD）、过氧化氢酶（CAT）、谷胱甘肽转移酶（GST）、谷胱甘肽过氧化物酶（GPX）等，主要用于清除活性氧自由基；非酶促系统主要包括还原型谷胱甘肽（GSH）、维生素类、胡萝卜素、葡萄糖等。抗氧化酶活力可作为一个重要的生理指标来衡量鱼类是否受到外界环境的胁迫，能够在一定程度上反映鱼类在不同生存条件下的生理状况。因此，对于鱼体抗氧化酶活力的研究，可以使我们更加了解机体的免疫机能，并对鱼类提高免疫机能和适宜养殖环境的选择具有重大意义。在鱼类的抗氧化系统中，抗氧化酶的主要功能就是清除机体内多余的氧自由基，这对消除氧化胁迫和机体的免疫功能维系具有非常重要的意义。

超氧化物歧化酶是生物体内最主要的一类抗氧化物酶，构成了机体免疫防御系统的首道防线。通过催化作用，使超氧阴离子分解为 O_2 和 H_2O_2 来消除因外界刺激而产生的过多的氧自由基（ROS），使生物体免受损伤。1938 年 Mann-Keillin 首次从牛红细胞中分离出一种蓝色的含铜蛋白质（hemocuprein），1969 年 Mccord 等发现该蛋白具有催化超氧化物阴离子的功能，并能使超氧化物阴离子发生歧化反应，故将此酶命名为超氧化物歧化酶。SOD 是一类清除自由基的蛋白酶，对需氧生物的生存起着重要的作用，是生物体防御氧毒性的关键。Winston 等研究发现，SOD 在水生生物体内分布广泛，在各种组织器官内均可检测到，是生物体抗氧化系统中最重要组成成分之一。然而，不同的组织器官中 SOD 的活性不尽相同。在鱼类的抗氧化体系中，抗氧化酶对清除氧化胁迫的效果显著。肝脏是鱼类进行物质代谢主要组织，肝脏中 SOD 活性的变化是机体抗氧化防御的代表。

过氧化氢酶是一种含巯基（—SH）的抗氧化酶，主要存在于氧化物酶体中，且 CAT 活性在肝脏中较高，其他如线粒体等细胞器，产生的 H_2O_2 可透过细胞器膜进入胞浆，其中尚未得到清除的 H_2O_2 可直接进入过氧化体内，最后被 CAT 清除。由于 CAT 不需要小分子电子传递体，且对 H_2O_2 有较高的

V_m 值和较低的 K_m 值，可直接将 SOD 酶催化产生的 H_2O_2 转化为 O_2 和 H_2O。机体内 H_2O_2 和 O_2 如果不及时清除，就会在铁螯合物的作用下生成非常有害的-OH。在病理或应激条件下，活性氧可能诱发脂类发生过氧化反应，除了会直接造成生物膜的损伤外，还可通过脂质氢过氧化物与各种酶、蛋白质或核酸等生物大分子反应，使机体的各种组织和器官发生广泛性损伤和功能衰竭。因此，在有机体的细胞内，CAT 发挥至关重要的作用。CAT 具有强大的催化功能，平均每 1 分子 CAT 彻底分解 264 万个 H_2O_2 分子仅需 1min，对于机体维持稳定内环境的稳态具有重要作用。

1957 年，Mills 首次在哺乳动物体内检测到谷胱甘肽过氧化物酶，并且发现它能与过氧化氢酶协同作用，清除机体内过量的过氧化氢。在 GPX 的作用下，氧化型谷胱甘肽（GSSG）可被还原为还原型谷胱甘肽（GSH），然后 GPX 再以还原型谷胱甘肽为还原剂，将细胞内的过氧化氢催化成水，同时生物体内的有机氢过氧化物（ROOH）还将被还原为 ROH，从而防止过氧化氢对机体产生进一步的损伤，是生物体内活性氧的又一重要的清除剂。GPX 的主要生物学作用是清除脂类氢过氧化物，此外 GPX 还可清除其他有机氢过氧化物，如核酸氢过氧化物来减少基因突变的发生频率。另外，GPX 在过氧化氢酶含量很少或 H_2O_2 产量很低的组织中还可代替过氧化氢酶清除 H_2O_2。

谷胱甘肽转硫酶是一种不含硒的谷胱甘肽过氧化物酶，也有清除脂类氢过氧化物的作用，可与谷胱甘肽过氧化物酶协同作用。在这两种酶作用中所产生的 GSSG 在谷胱甘肽还原酶作用下可还原为 GSH，继续参加清除活性氧的反应。同时由 NADPH 氧化的 NADP 需要葡萄糖-6-磷酸脱氢酶的催化作用才能再还原为 NADPH，以维持体内清除活性氧的能力。

第二节　果寡糖对团头鲂抗氧化指标的影响

一、试验设计

试验鱼及试验设计分组同第三章第一节。抗氧化指标测定方法同第二章第一节的抗氧化指标测定。

二、对团头鲂肝脏抗氧化指标的影响

从表 5-1 可以得出，各组之间的 GSH 含量并无显著差异（$P > 0.05$）；但是肝脏 SOD、CAT 和 GPX 活性最高组是第 5 组，并且显著（$P < 0.05$）高于第 1、3、4 组的活性（除 GPX 之外），它们和第 2 组之间并无显著差异（$P > 0.05$）；MDA 含量的最低值出现在第 2 组，它显著（$P < 0.05$）低于第 1 组和第 4 组的含量，并且和剩余两组之间无显著差异（$P > 0.05$）。抗氧化指标除

GSH 之外，都受到果寡糖添加水平和投喂模式交互作用的显著影响（$P <$ 0.05）。

饲料中添加适量的果寡糖提高了 SOD、CAT、GPX 的活性，提高了团头鲂的抗氧化能力，这些物质可以清除过多的自由氧和脂质过氧化物，从而保护细胞和组织免受损伤。果寡糖还降低了肝脏内脂质过氧化物 MDA 的含量，MDA 是自由基产生的有害物质，会对机体产生毒害（Livingstone，2003）。抗氧化功能的提高可能是由于果寡糖促进了肠道对各种营养物质的消化吸收，这样一些具有抗氧功能的物质就可能被消化、吸收。另外，一些研究表明免疫增强剂比如益生菌和维生素 C 通过间隔投喂也提高了机体的抗氧化功能（Sun et al.，2010）。这和本研究得出的间隔投喂 0.8％的果寡糖会产生较好的效果相一致。这表明添加剂的投喂模式对团头鲂健康也起着重要作用。

表 5-1 不同浓度的果寡糖在不同投喂模式下对团头鲂肝脏抗氧化酶活性的影响

饲料	谷胱甘肽还原酶（每毫克蛋白中，U）	超氧化物歧化酶（每毫克蛋白中，U）	过氧化物酶（每毫克蛋白中，U）	谷胱甘肽过氧化物酶（每毫克蛋白中，U）	丙二醛（每毫克蛋白中，nmol）
D_1	58.10±3.3	132.21±4.6[a]	26.10±1.0[a]	37.10±3.4	8.94±0.53[c]
D_2	60.21±3.0	150.13±6.1[ab]	29.72±1.0[b]	45.91±2.3	6.45±0.60[a]
D_3	59.81±3.3	138.41±3.4[a]	27.68±1.4[a]	44.72±0.8	8.13±0.45[abc]
D_4	64.01±4.4	142.22±6.7[a]	26.91±1.3[a]	42.82±3.4	8.56±0.59[bc]
D_5	60.31±4.4	161.49±7.6[b]	31.70±0.8[b]	47.60±4.4	6.96±0.53[ab]
双因素方差分析					
果寡糖水平	ns	*	*	*	*
投喂模式	ns	ns	ns	ns	ns
交互	ns	*	*	ns	*

注：数据表示为平均值±标准误，同列数据上标含相同字母者差异不显著。* 表示 $P <$ 0.05，** 表示 $P <$ 0.01，ns 表示无显著差异。

第三节　果寡糖和地衣芽孢杆菌对三角鲂抗氧化指标的影响

一、试验设计

鱼粉、豆粕、菜粕和棉粕作为蛋白源，脂肪源是由鱼油和豆油 1∶1 配合提供，面粉作为糖源，果寡糖添加量分别为 0、0.3％、0.6％，地衣芽孢杆菌为 0、$1×10^7$ CFU/g、$5×10^7$ CFU/g 三个水平，采用 3×3 因子，相应的各组饲料命名为 0/0、0/3、0/6、1/0、1/3、1/6、5/0、5/3、5/6 组。果寡糖和芽孢杆菌采用逐级扩大的方法加到饲料中，各种原料混匀后，再加入适量的油和水，然后在制粒机上制成大约 2mm 大小的沉性颗粒饲料，饲料加工好之后，自然风干放于 4℃ 冰箱保存。

挑选健康无病、规格整齐，初重为（30.5±0.5）g 的三角鲂 720 尾，随机分为 9 组，每组 4 个重复，共 36 个网箱，网箱规格为 1m×1m×1m（长×宽×高），每个网箱有 20 尾鱼，每天的 06:30、12:00 和 17:30 进行投喂，试验周期为 8 周，养殖期间，采用自然光照，水温在 25～30℃，pH 控制在 6.5～7.5，溶解氧大于 5mg/L。

二、果寡糖和芽孢杆菌交互对三角鲂血液和肝脏抗氧化指标的影响

从表 5-2 可以得出，血清中的 CAT 和 GPX 的活性既不受果寡糖添加水平的显著影响（$P>0.05$），也不受地衣芽孢杆菌添加量的显著影响（$P>0.05$），但是果寡糖和地衣芽孢杆菌对肝脏中 SOD 的活性有显著影响（$P<0.05$），分别添加 0.3% 果寡糖和 $1×10^7$ CFU/g 芽孢杆菌组的值最大。另外，肝脏中 CAT、GPX 和血清中的 SOD 活性随着芽孢杆菌从 0 到 $1×10^7$ CFU/g 的增加而增加，而 MDA 呈相反的趋势，但是果寡糖对这几个指标的影响并不显著（$P>0.05$）。果寡糖和芽孢杆菌的交互作用对肝脏 SOD、CAT 和血清 SOD 的活性都有显著影响（$P<0.05$），最大值在果寡糖 0.3% 和芽孢杆菌 $1×10^7$ CFU/g 配合使用组，当然对肝脏和血清 MDA 都有显著影响（$P<0.05$），只不过是最小值在果寡糖 0.3% 和芽孢杆菌 $1×10^7$ CFU/g 复配组。

当机体在非正常情况下会产生大量的自由基，与此同时，机体的抗氧化机能也被激活来对抗氧自由基的产生，调节机体平衡（Panigrahi et al.，2004）。为了保证自由基的产生和消耗处于平衡状态，作为抗氧化的第一道防线，SOD、GPX 和 CAT 在抗氧化过程中发挥着重要作用（Muñoz et al.，2000）。通常情况下这些物质能够评价鱼类的抗氧化状态，也是氧化应激的重要指标（Kohen and Nyska，2002）。本试验得出添加芽孢杆菌后，SOD、GPX 和 CAT 的活性增强，它们可以清除过多的自由基并调节机体自由基的平衡，提高抗氧化能力（Li et al.，2012），芽孢杆菌提高抗氧化酶活性的作用效果在草鱼和凡纳滨对虾方面的研究都得到了证实（Shen et al.，2010；Li et al.，2012）。肝脏和血清中 MDA 水平的降低也说明机体抗氧化能力的提高（Nogueira et al.，2003）。添加 0.3% 的果寡糖也显著提高了三角鲂的抗氧化能力，其机制还需进一步的研究。三角鲂抗氧化功能和免疫力表现较为一致的结果，它们共同反映了机体的健康状况，果寡糖和芽孢杆菌提高抗氧化酶的活性可能是影响了这些酶的翻译过程，这还需要更多的研究去证实。

表5-2 果寡糖和地衣芽孢杆菌交互对三角鲂肝脏和血液抗氧化指标的影响

饲料	肝脏				血浆			
	SOD (每毫克蛋白中, U)	MDA (每毫克蛋白中, nmol)	CAT (每毫克蛋白中, U)	GPX (每毫克蛋白中, U)	SOD (U/mL)	MDA (nmol/mL)	CAT (U/mL)	GPX (U/mL)
0/0	145±3[a]	3.73±0.36[c]	12.8±0.4[a]	36.8±4.4	65.0±0.8[a]	9.71±0.56[c]	1.21±0.07	16.1±0.6
0/3	154±3[b]	3.21±0.31[bc]	14.1±1.0[ab]	40.7±1.8	67.8±0.5[bc]	8.28±0.59[b]	1.45±0.05	16.8±0.5
0/6	165±2[c]	2.65±0.34[ab]	15.2±1.2[ab]	45.4±0.9	68.0±0.7[bc]	7.94±0.32[ab]	1.34±0.05	17.2±0.6
1/0	157±3[bc]	2.66±0.29[ab]	15.0±0.5[ab]	45.3±3.5	67.8±1.0[bc]	7.96±0.36[ab]	1.56±0.11	16.3±1.6
1/3	165±1[c]	1.86±0.13[a]	17.8±0.5[c]	57.4±3.8	68.8±2.2[c]	6.90±0.26[a]	1.52±0.11	17.1±0.6
1/6	162±2[bc]	2.70±0.32[ab]	14.2±0.3[ab]	56.0±2.2	67.9±0.4[bc]	7.99±0.37[ab]	1.45±0.07	16.2±0.9
5/0	158±3[bc]	2.75±0.29[ab]	16.7±1.0[b]	58.4±2.3	67.6±0.7[bc]	7.80±0.31[ab]	1.36±0.11	16.6±0.6
5/3	159±2[bc]	3.24±0.42[bc]	14.4±2.0[ab]	54.4±3.6	66.9±0.5[abc]	8.07±0.33[ab]	1.54±0.13	16.1±0.7
5/6	154±4[b]	3.49±0.33[bc]	13.8±0.9[ab]	45.4±4.6	66.4±0.6[ab]	8.43±0.46[b]	1.43±0.09	16.2±0.9
果寡糖 (%)								
0	148±2[a]	3.05±0.18	14.8±0.5	50.2±3.0	66.8±0.4	8.49±0.24	1.48±0.11	16.3±0.5
0.3	156±3[bc]	2.77±0.19	16.1±0.5	53.5±3.0	67.8±0.4	7.75±0.22	1.51±0.11	16.9±0.5

（续）

饲料	肝脏				血浆			
	SOD（每毫克蛋白中，U）	MDA（每毫克蛋白中，nmol）	CAT（每毫克蛋白中，U）	GPX（每毫克蛋白中，U）	SOD（U/mL）	MDA（nmol/mL）	CAT（U/mL）	GPX（U/mL）
0.6	167 ± 2^c	2.94 ± 0.18	14.4 ± 0.5	48.1 ± 2.9	67.5 ± 0.4	8.12 ± 0.24	1.40 ± 0.13	17.2 ± 0.5
芽孢杆菌（CFU/g）								
0	152 ± 1^a	3.19 ± 0.19^b	14.1 ± 0.6^a	$41.4\pm2.7a$	66.9 ± 0.4^a	8.64 ± 0.24^b	1.45 ± 0.11	16.2 ± 0.5
1×10^7	168 ± 1^b	2.41 ± 0.18^a	16.3 ± 0.8^b	55.4 ± 3.0^b	68.2 ± 0.4^b	7.62 ± 0.24^a	1.52 ± 0.10	16.7 ± 0.5
5×10^7	157 ± 2^{ab}	3.12 ± 0.18^b	15.1 ± 0.5^a	55.0 ± 3.1^b	67.0 ± 0.4^b	8.10 ± 0.22^{ab}	1.30 ± 0.10	16.6 ± 0.5
双因素方差分析								
果寡糖	*	ns	Ns	ns	ns	ns	ns	ns
芽孢杆菌	**	**	*	**	*	**	ns	ns
交互	*	*	**	ns	*	*	ns	ns

注：数据表示为平均值±标准误，同列数据上标含相同字母者差异不显著。* 表示 $P<0.05$，**表示 $P<0.01$，ns 表示无显著差异。

第四节 果寡糖和德氏乳酸菌对
锦鲤抗氧化指标的影响

一、试验设计

挑选体格均一、健康的锦鲤 240 尾，初重（12.5±0.5）g，将试验鱼随机分为 4 组，每组 3 个重复，每缸放 20 尾鱼，第 1 组投喂基础日粮（D_1），第 2 组投喂基础日粮＋0.3％果寡糖（D_2），第 3 组投喂基础日粮加 1×10^7 CFU/g 德氏乳酸菌（D_3），第 4 组投喂基础日粮＋0.3％果寡糖和 1×10^7 CFU/g 德氏乳酸菌（D_4），试验在室内玻璃缸（长×宽×高：60cm×40cm×40cm）中进行。水质条件：水温（25±1）℃，溶解氧 ≥6mg/L，氨和亚硝酸盐 <0.001mg/L，pH（7.3±0.3）。光照 14h，黑暗 10h。每天对水质进行测定并记录，每隔两天换水一次，换水量为总水量的 1/5，每天投喂两次（8：00、17：00），初期日投喂量为鱼体重的 2％～5％，后期根据增重情况和吃食情况进行调整，本养殖试验持续 8 周。

准确称取大约 0.2g 的肝脏，按 1：9（重量：体积）的比例制成 10％的组织匀浆液，3 000g 离心 10min，取上清液 -20℃保存备用，南京建成生物工程有限公司提供的试剂盒测定超氧化物歧化酶（SOD）活性、总抗氧化酶（T-AOC）、谷胱甘肽过氧化物酶（GPX）和过氧化氢酶（CAT）活性、丙二醛（MDA）含量，肝脏中蛋白质的含量用考马斯亮蓝商业试剂盒进行测定。

二、结果

饲料中添加果寡糖和德氏乳酸菌对锦鲤抗氧化指标的影响见表 5-3，抗氧化指标 SOD、CAT、GPX 和 T-AOC 活性均有不同程度的升高，其中 SOD 和 T-AOC 活性在 D_3 和 D_4 组显著高于对照组（$P<0.05$），各试验组之间差异不显著（$P>0.05$）；D_4 组的 CAT 活性最高，显著高于对照组（$P<0.05$），但是 D_2、D_3 和 D_4 组之间差异不显著（$P>0.05$）；GPX 活性有一定的升高趋势，但是各组之间差异不显著（$P>0.05$）；试验组 MDA 含量有不同程度的降低，其中 D_3 和 D_4 组的 MDA 含量显著低于对照组（$P<0.05$），但是各试验组之间差异不显著（$P>0.05$）。

正常状态下，机体的氧化系统和抗氧化系统处于平衡状态，鱼体内的 SOD、CAT 和 GPX 在机体抗氧化过程中发挥着重要作用，其中 SOD 主要催化 $\cdot O_2^-$ 生成 H_2O_2，从而清除 $\cdot O_2^-$，而 CAT 进行下一步，把 H_2O_2 催化生成水和氧气（Galovic et al.，2004）。本研究得出饲料中添加果寡糖和德氏乳酸菌能使这些抗氧化酶的活性不同程度的提高，证明果寡糖和德氏乳酸菌能增强锦鲤抗氧化的能力，调节体内氧化和抗氧化的平衡。关于果寡糖和有益菌的抗氧化功能在以前的研究也有报道，Poolsawat 等（2020）研究指出，果寡糖提高了罗非鱼血清抗氧化酶活性，降低了血清 MDA 含量；Mahmoud 等研究得出乳酸菌提高了罗非鱼血清 SOD 和 CAT 酶活性。本研究还得出饲料中添加果寡糖和德氏乳酸菌能降低 MDA 的含量，MDA 是脂质过氧化的反应产物，在一定程度上能反映机体过氧化受损状况，本研究结果表明果寡糖和德氏乳酸菌能增强锦鲤的抗氧化功能，降低脂质过氧化产物的含量，防止机体受损。

表 5-3　饲料中添加果寡糖和德氏乳酸菌对锦鲤抗氧化指标的影响

项目	对照组	0.3%FOS	1×10^7CFU/g 德氏乳酸菌	0.3%FOS$+1\times$ 10^7CFU/g 德氏乳酸菌
超氧化物歧化酶 (U/mg)	122.51 ± 14.06^b	147.95 ± 5.60^{ab}	153.05 ± 5.10^a	169.16 ± 6.71^a
过氧化物酶 (U/mg)	75.62 ± 6.05^b	85.46 ± 3.15^{ab}	82.15 ± 3.46^{ab}	91.01 ± 4.61^a
谷胱甘肽过氧化物酶 (U/mg)	22.28 ± 1.30	26.73 ± 3.25	26.41 ± 2.92	28.58 ± 2.98
总抗氧化物酶 (U/mg)	0.38 ± 0.05^b	0.51 ± 0.05^{ab}	0.58 ± 0.03^a	0.76 ± 0.08^a
丙二醛 (nmol/mg)	3.86 ± 0.19^a	3.07 ± 0.41^{ab}	2.71 ± 0.10^b	2.67 ± 0.27^b

注：数据表示为平均值±标准误，同行数据上标含相同字母者差异不显著。

第五节　果寡糖对其他水产动物 抗氧化功能的影响

一、对罗非鱼抗氧化能力的影响

以初始重量（5±0.02）g 的罗非鱼为试验对象，探讨果寡糖对罗非鱼抗氧化能力的影响。试验分为 5 组：基础饲料组（对照组），4 个分别在对照组基础上添加 0.5g/kg、1g/kg、2g/kg、4g/kg 果寡糖的试验组。每组 3 个平行，每个平行 25 尾鱼，试验周期 56d。试验结果表明试验组 SOD 活性显著高于对照组（$P<0.05$），CAT 在 4g/kg 组显著高于对照组（$P<0.05$），其他各组差异不显著（$P>0.05$）（表 5-4）。MDA 含量在各组差异均不显著（$P>0.05$）。说明饲料中添加果寡糖能够提高罗非鱼的抗氧化能力。

表 5-4　饲料中添加果寡糖对罗非鱼抗氧化指标的影响

项目	对照组	0.5g/kg组	1g/kg组	2g/kg组	4g/kg组
超氧化物歧化酶 （U/mg）	0.71±10.03[c]	0.77±0.02[ab]	0.76±0.03[b]	0.79±0.02[ab]	0.82±0.04[a]
过氧化氢酶 （U/mg）	75.8±1.33[b]	77.25±0.66[b]	77.7±0.58[b]	76.53±1.29[b]	81.28±0.91[a]
丙二醛 （nmol/mg）	2.39±0.29	2.44±0.32	2.67±0.21	2.65±0.36	2.52±0.38

注：数据表示为平均值±标准误，同行数据上标含相同字母者差异不显著。

二、对克氏原螯虾抗氧化指标的影响

试验选择身体健壮、规格和重量基本一致的原螯虾，初均重（7.18±0.26）g。随机分为 5 组，每组 3 个重复，共 15 个水泥池，每水泥池放养 50 只虾，分别投喂基础饲料中添加 0、0.1%、0.3%、0.5%、0.7% 的果寡糖饲料。

由表 5-5 可知，随着饲料中果寡糖添加量的上升，克氏原螯虾的肝脏超氧化物歧化酶、过氧化氢酶均呈现持续上升的趋势，丙二醛活性则呈现持续下降的趋势。添加果寡糖各组均提高了克氏原螯虾肝脏的 SOD、CAT 水平，降低了 MDA 水平，但试验组与对照组相比差异不显著。由此可知，饲料中添加果寡糖对克氏原螯虾的肝脏抗氧化功能并没有显著影响。

表 5-5　饲料中添加果寡糖对克氏原螯虾氧化指标的影响（杨维维，2014）

果寡糖添加量 （%）	超氧化物歧化酶 （每毫克蛋白中，U）	过氧化氢酶 （每毫克蛋白中，U）	丙二醛 （每毫克蛋白中，U）
0	90.73±8.41	11.01±1.81	6.97±0.61
0.1	93.81±9.44	12.86±1.22	6.84±0.58
0.3	96.25±17.32	12.47±1.21	6.61±0.67
0.5	99.57±12.28	12.12±1.96	6.40±0.68
0.7	107.66±9.41	12.78±2.62	6.41±0.85

三、对中华绒螯蟹血液和肝脏抗氧化指标的影响

材料与方法参见第四章第六节。从测定的结果可以看出（表 5-6），TF_4 组血液和肝胰腺中 MDA 的活性显著低于对照组（$P<0.05$），但与其他各组之间相比差异不显著（$P>0.05$）。在血液中，TF_4 组 CAT 活性显著高于对照组、TF_1 和 TF_2 组（$P<0.05$）；而在肝胰腺中，TF_4 组 CAT 活性最高，但

与对照组相比差异不显著（$P>0.05$），与 TF_1、TF_2 和 TF_5 组相比差异显著（$P<0.05$）。血液和肝胰腺中 SOD 的活性趋势是相同的，都是在 TF_4 组活性最高，与对照组相比差异显著（$P<0.05$）。通过试验结果可以看出，果寡糖可以提高 SOD 和 CAT 活性，这两种物质能够清除体内多余的自由氧和脂质过氧化物，从而保护机体免受损伤。TF_4 组 MDA 显著低于对照组（$P<0.05$）。果寡糖对中华绒螯蟹的免疫力有提高作用。

表 5-6 饲料中添加果寡糖对中华绒螯蟹氧化指标的影响（贾二腾，2018）

饲料	血液			肝胰腺		
	MAD (nmol/mL)	CAT (U/g)	SOD (U/mL)	MDA（每毫克蛋白中，nmol）	CAT（每克蛋白中，U）	SOD（每毫克蛋白中，U）
TN	6.57±0.76[b]	4.12±0.97[a]	1915.38±81.20[a]	2.00±0.25[b]	6.80±0.27[ab]	18.37±1.03[a]
TF_1	4.95±0.68[a]	5.30±0.69[ab]	2038.46±68.64[ab]	1.76±0.20[ab]	6.31±0.52[a]	21.75±1.72[ab]
TF_2	4.59±0.60[ab]	5.06±0.76[ab]	2078.46±96.09[ab]	1.76±0.20[ab]	6.46±0.60[a]	21.85±1.36[ab]
TF_3	5.21±0.84[ab]	6.66±0.48[bc]	2118.46±91.78[ab]	1.84±0.25[ab]	7.02±0.75[ab]	21.98±0.15[ab]
TF_4	3.72±0.26[a]	7.94±0.28[c]	2224.62±108.07[b]	1.44±0.13[a]	8.29±0.31[b]	22.79±0.85[b]
TF_5	5.40±0.50[ab]	6.54±0.29[bc]	2047.69±98.02[ab]	2.14±0.19[b]	6.07±0.59[a]	21.04±1.64[ab]

第六章 果寡糖对水产动物脂肪代谢的影响

第一节 果寡糖对斑马鱼脂肪代谢的影响

转录组揭示了细胞在某个时期或某种生理状态下基因转录的情况，它是指细胞内转录出的各种 RNA 的总和，包含了基因表达和蛋白质组成等大量的生物信息。转录组测序首先需要从细胞中分离纯化得到 mRNA，进行片段化和反转录获得 cDNA 后进行高通量测序，对测序得到的 cDNA 进行装配获得该物种的转录本（mRNA）序列，构建该物质的基因库。转录组测序能够在任何时间点和任何条件下进行，能够动态反映基因转录水平，识别和量化罕见转录本和正常转录本序列结构信息。通过转录组测序能够确定基因的转录结构并对基因的功能进行注释，也可基于此研究某些药物的作用机制。

笔者以添加 FOS 的日粮饲养斑马鱼，通过 KEGG 通路分析斑马鱼肝脏中脂肪代谢相关基因的表达状况，来评估 FOS 在斑马鱼脂代谢中的作用和更加深入地了解脂肪代谢的机制，将有助于提高果寡糖在水产养殖的应用，为水产健康养殖提供帮助。

一、斑马鱼肝脏中的酶活性分析

如图 6-1 所示，饲料中添加 0.4% FOS 的鱼，其苹果酸酶活性和脂肪酸合成酶的活性比对照组显著降低（$P < 0.05$）。这说明饲料中添加果寡糖可以使肝脏中合成脂肪的酶活性降低，从而降低脂肪的合成。

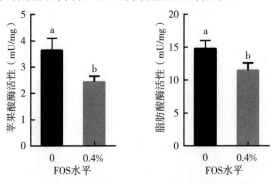

图 6-1　0.4%FOS 组和 0%FOS 组的苹果酸酶和脂肪酸合成酶的活性

脂肪酸合成酶是一种多功能酶，可在肝脏中高效表达，可调节细胞内源性脂肪酸的合成和脂质积累。苹果酸酶负责生成还原剂（NADPH），并且是脂肪酸合成酶等的辅助因子。脂肪酸合成酶和苹果酸酶活性的降低可能诱导脂肪利用，抑制脂肪合成，导致肝脏脂质和甘油三酯含量进一步降低。日粮中添加0.4%的FOS可通过抑制脂肪酸合成酶和苹果酸酶的活性，从而降低肝脏从头合成脂肪酸，起到降低甘油三酯的作用。

二、斑马鱼肝脏中的脂质物质含量的分析

如图6-2所示，饲喂0.4%FOS饲料的鱼的脂肪含量、总胆固醇、游离脂肪酸和低密度脂蛋白显著低于对照组（P＜0.05）。饲喂0.4%FOS饲料组的肝脏高密度脂蛋白含量显著高于对照组（P＜0.05）。该研究结果说明了饲料中添加果寡糖最终可以降低肝脏中的脂肪含量。

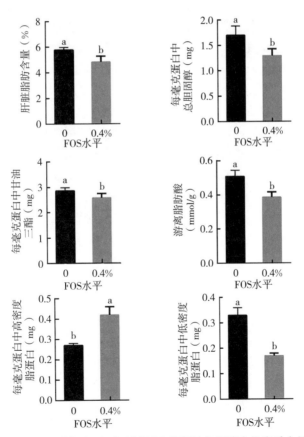

图6-2　0.4%FOS组和0%FOS组斑马鱼肝脏中的脂质含量

三、转录组序列组装与注释

在对照组和试验组测序中分别产生了 49 468 651 和 48 016 590 个 parir-end Reads。共有 26 826 个 unigenes（keg：11 692）通过公共数据库以显著性阈值（E 值 10^{-5}）进行了鉴定，剩余的 unigenes 不能用已知基因进行注释，这些基因可能对应于未翻译的区域、非编码 RNA 或不包含已知蛋白域的短序列。

四、DEGs 和通路分析

在对照组和试验组之间一共鉴定出 1 185 个 DEGs，使用差异倍数不小于 2（FC≥2）和错误发现率小于 0.01（FDR<0.01）作为筛选标准。其中有 199 个 DEGs 在 1.09~8.83 的 $\log_2$ FC 范围内上调，其余的 986 个 DEGs 降至 -5.47~-1.08 的 $\log_2$ FC 范围。在这 1185 个 DEGs 中，有 1137 个 DEGs 可以对其功能进行注释，其中 417 个 DEGs 使用 KEGG 数据库进行注释。KEGG 通路分析用于 DEGs 的生物学注释，将具有通路注释的 341 个 DEGs 分配给了 144 个 KEGG 通路，其中类固醇激素生物合成（ko00100，$P=7.10\times10^{-5}$）和类固醇生物合成（ko00830，$P=2.69\times10^{-3}$）两条通路显著富集。

表 6-1 和图 6-3 显示了添加 FOS 的斑马鱼肝脏中类固醇激素生物合成通路中下调的基因。包括羟基类固醇 11β 脱氢酶 2（HSD11β2，EC：1.1.1.）、羟基类固醇 17β 脱氢酶 3（HSD17β3，EC：1.1.1.64）、磺基转移酶家族 2、细胞质磺基转移酶 3（SULT2st3，EC：2.8.2.2）、类固醇 5α 还原酶 2（SRD5α2a，EC：1.3.1.22）、羟基类固醇 17β 脱氢酶 2（HSD17β2，EC：1.1.1.62）、羟基 δ5 类固醇脱氢酶、类固醇 3β 异构酶 1（HSD3β1，EC：1.1.1.145；5.3.3.1）、羟基类固醇 17β 脱氢酶 7（HSD17β7，EC：1.1.1.62）和细胞色素 P450、家族 19、亚家族 A、多肽 1β（CYP19α1β，EC：1.14.14.14）。

表 6-1　试验组与对照组类固醇激素生物合成通路基因表达差异

基因 ID	基因名	定义	KO	ENZYME	FDR	$\log_2$ FC	Reg
ENSDARG 00000001975	hsd11β2	*Danio rerio* hydroxysteroid (11-beta) dehydrogenase 2, mRNA	K00071	EC：1.1.1.	3.45E-06	-1.524939881	down

（续）

基因 ID	基因名	定义	KO	ENZYME	FDR	$\log_2$ FC	Reg
ENSDARG 00000023287	hsd17β3	*Danio rerio* hydroxysteroid (17-beta) dehydrogenase 3，mRNA	K10207	EC：1.1.1.64	0.00075861	−1.470060836	down
ENSDARG 00000028367	sult2st3	*Danio rerio* sulfotransferase family 2, cytosolic sulfotransferase 3，mRNA	K01015	EC：2.8.2.2	0	−2.826268654	down
ENSDARG 00000043587	srd5α2a	*Danio rerio* steroid-5-alpha-reductase, alpha polypeptide 2a，mRNA	K12344	EC：1.3.1.22	6.36E-05	−1.386795409	down
ENSDARG 00000045553	hsd17β2	*Danio rerio* hydroxysteroid (17-beta) dehydrogenase 2，mRNA	K13368	EC：1.1.1.62	0.001532313	−1.465504494	down
ENSDARG 00000069926	hsd3β1	*Danio rerio* hydroxy-delta-5-steroid dehydrogenase, 3 beta- and steroid delta-isomerase 1，mRNA	K00070	EC：1.1.1.145 5.3.3.1	0.006042401	−1.26882845	down
ENSDARG 00000088140	hsd17β7	*Danio rerio* hydroxysteroid (17-beta) dehydrogenase 7，mRNA	K13373	EC：1.1.1.62	3.47E-05	−1.430918544	down
Zebrafish_newGene_3522	cyp19a1β	*Danio rerio* cytochrome P450, family 19, subfamily A, polypeptide 1β，mRNA	K07434	EC：1.14.14.14	0.000161529	−1.569146868	down

表 6-2 和图 6-4 显示了日粮中添加 FOS 的斑马鱼肝脏类固醇生物合成通路中下调的基因。下调基因有细胞色素 P450、家族 27、亚家族 B、多肽 1（CYP27β1，EC：1.14.15.18）、甾醇-O-酰基转移酶 1（SOAT 1，EC：2.3.1.26）、羟基类 17β 脱氢酶 7（HSD17β7，EC：1.1.1.270）。此外，细胞色素 P450、家族 24、亚家族 A、多肽 1（CYP24a1，EC：1.14.15.16）的基因显著增加。

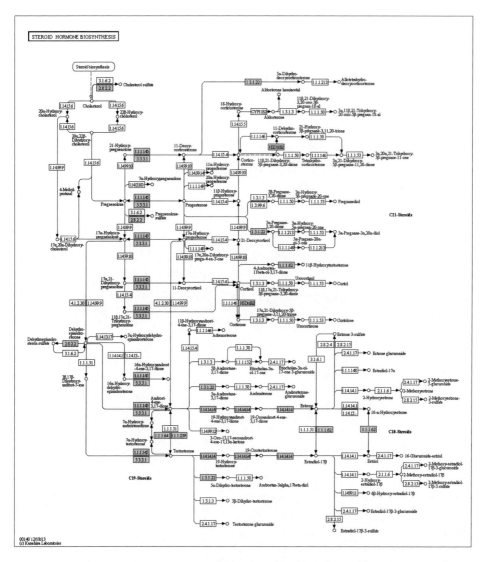

图 6-3　试验组和对照组类固醇激素生物合成通路差异表达基因（DEGs）
的 KEGG 通路分析（灰色方块代表下调的基因）

表 6-2　斑马鱼试验组与对照组类固醇合成通路基因表达差异

基因 ID	基因名	定义	KO	ENZYME	FDR	log₂FC	Reg
ENSDARG 00000045015	cyp27β1	*Danio rerio* cytochrome P450，family27，subfamily B，polypeptide 1，mRNA	K07438	EC：1. 14. 15. 18	0	−3. 682665263	down

（续）

基因 ID	基因名	定义	KO	ENZYME	FDR	$\log_2$ FC	Reg
ENSDARG 00000062297	soat1	*Danio rerio* sterol O-acyltransferase 1，mRNA	K00637	EC：2.3.1.26	0.00173497	−1.199960229	down
ENSDARG 00000088140	hsd17β7	*Danio rerio* hydroxysteroid (17-beta) dehydrogenase 7，mRNA	K13373	EC：1.1.1.270	3.47E-05	−1.430918544	down
ENSDARG 00000103277	cyp24a1	*Danio rerio* cytochrome P450，family 24，subfamily A，polypeptide 1，mRNA	K07436	EC：1.14.15.16	8.32E-05	1.381788987	up

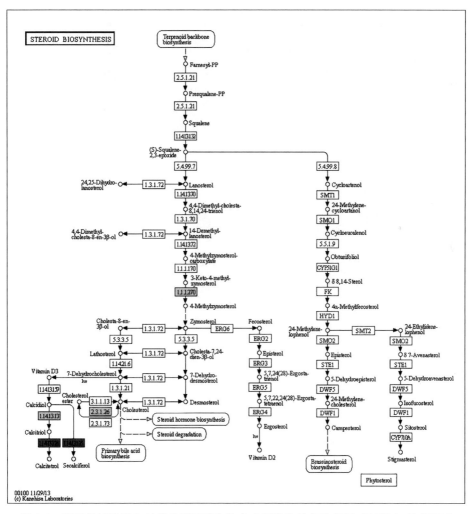

图 6-4　斑马鱼试验组和对照组类固醇生物合成通路差异表达基因（DEGs）的 KEGG 通路分析（浅灰色方块代表下调的基因，深灰色方块代表上调的基因）

五、通路基因验证

对类固醇激素生物合成和类固醇生物合成的 DEGs 通路进行 qPCR 分析。qPCR 结果与从转录组测序获得的结果一致（图 6-5 和图 6-6）。与对照组相比饲喂 FOS 的鱼以下基因都显著下调了，其中 HSD11β2 下调 0.32 倍，HSD17β3 下调了 0.91 倍，SULT 2st3 下调了 0.47 倍，SRD5α2α 下调 0.04

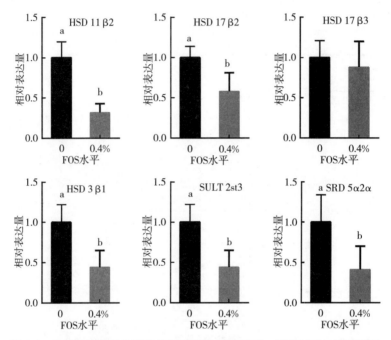

图 6-5　定量分析斑马鱼试验组和对照组 HSD11β2，HSD17β2，HSD17β3，
　　　　HSD3β1，SULT2st3，SRD5α2α 的表达水平

注：数据以平均值±标准差表示，条形图上方的不同小写字母表示显著差异（$P<0.05$）。

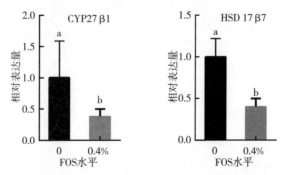

图 6-6　定量分析斑马鱼试验组和对照组 CYP27β1 和 HSD17β7 的表达水平

注：数据以平均值±标准差表示，条形图上方的不同小写字母表示显著差异（$P<0.05$）。

倍，HSD17β2 下调了 0.58 倍，HSD3β1 下调了 0.40 倍，CYP27β1 下调了 0.38 倍，HSD17β7 下调了 0.65 倍。

笔者研究表明，饲料中添加 FOS 可能影响胆固醇的生物合成，饲料中添加 FOS 的斑马鱼肝脏胆固醇水平较低；胆固醇是类固醇激素合成的前体，胆固醇含量减少可能导致类固醇激素合成受限；类固醇激素参与体内脂肪的合成与分布，类固醇激素的降低有可能导致脂肪水平降低。催化类固醇合成和失活的酶是调节类固醇作用的重要机制，类固醇的代谢受 HSD11β1、HSD11β2、HSD17β1、HSD17β2 调控。在本研究中鱼饲喂 0.4% FOS 后 *HSD3β1*、*HSD11β2*、*HSD17β2*、*HSD17β2*、*HSD17β7* 基因下调。胆固醇是动物体内重要的脂质，但过量也可能有毒。此外，胆固醇是类固醇的唯一前体。因此，喂食 FOS 会导致鱼的胆固醇生物合成的改变，这可能会影响类固醇激素的生物利用度。此外，苹果酸酶（ME）是肝脏中产生烟酰胺腺嘌呤二核苷酸磷酸（NADPH）的关键调控因子，对肝脏脂肪酸生物合成至关重要。

细胞色素 P450（CYPs）是一个 NADPH 依赖性的单加氧酶大家族，在体内主要参与脂肪酸和脂质信号分子等内源性化合物的代谢以及氧化过程。RNAi 基因表达沉默说明，CYP-35A 以脂质代谢为靶点。在一些哺乳动物的研究中表明，当亚油酸和花生四烯酸等长链脂肪酸转化为具有生物活性的形式时，细胞色素 P450 起着重要的作用，说明 *CYP27A*、*CYP27B* 基因表达的降低可能是脂质水平降低的原因，因为 CYP 家族（CYP4、CYP11、CYP17、CYP19 和 CYP21）参与了脂肪酸、类固醇、二十烷酸类、胆汁酸和脂溶性维生素等内源性化合物的代谢。此外，CYPs 可能具有与脂质储存相关的共同能量调节通路。在本试验中饲料中添加 0.4% FOS 后，RNA 测序结果表明 CPY24A1 表达上调了。这说明 FOS 可显著影响斑马鱼的脂质代谢，但是需要进一步探讨其具体作用机制。

第二节　果寡糖对其他鱼类脂肪代谢的影响

1∶1 的植物蛋白和动物蛋白作为饲料蛋白源，0.25% 短链果寡糖（scFOS）添加降低了金头鲷血浆 LDL-C 水平（Guerreiro et al.，2015）。3∶7 的动物蛋白和植物蛋白作为蛋白源的饲料投喂牙鲷，10g/kg 短链果寡糖添加降低了其血浆 TG 含量（Guerreiro et al.，2011）。添加 1g/kg 的果寡糖能够显著降低鲫血清 TC 和 TG 的含量（王艳，2008）。1g/kg 果寡糖添加量降低了花鳗鲡肝脏 TC 和 TG 的水平（$P > 0.05$），显著降低其肝脏 LDL-C 水平（$P < 0.05$）（解文丽，2017）。推测果寡糖降低血清 TC 和 TG 的机制主要是：一方面，果寡糖在肠道中发酵产生乙酸盐、丙酸盐等有机酸，它们能够抑制胆

固醇和脂肪合成，从而降低胆固醇和甘油三酯水平；另一方面，果寡糖能够促进有益菌繁殖，它们能够吸收胆固醇并且阻止肠道壁对胆固醇吸收（Khanvilkar et al.，2015）。也有的研究结果与此不同，例如1‰果寡糖降低了鲈脂肪生成酶的活性，而1‰果寡糖作用效果不显著（Guerreiro et al.，2015）。随着饲料中短链果寡糖浓度升高至10g/kg，大菱鲆脂肪酸合成酶活性逐步提高。有学者推测可能是鱼的特性、养殖条件、基础饲料配方、饲料类型、果寡糖浓度等因素导致的。

第七章　果寡糖对水产动物
肠道健康的影响

第一节　对水产动物肠道消化酶的影响

一、对团头鲂肠道消化酶的影响

试验设计同第三章第一节。由表 7-1 可以得出，果寡糖添加水平和投喂模式对团头鲂肠道淀粉酶无显著影响，各组数值并无显著差异（$P>0.05$），但是肠道蛋白酶、脂肪酶和微绒毛的长度显著（$P<0.05$）受饲料中果寡糖水平的影响，第 2 组值最大，并且显著高于（$P<0.05$）对照组，但是和第 5 组之间并无显著差异（$P>0.05$），蛋白酶和微绒毛的长度显著受到果寡糖添加水平和投喂模式交互作用的显著影响（$P<0.05$）。

表 7-1　不同浓度的果寡糖在不同投喂模式下对团头鲂肠道消化酶的影响

饲料	蛋白酶（每毫克蛋白中，U）	脂肪酶（每克蛋白中，U）	淀粉酶（每毫克蛋白中，U）
D_1	70.42 ± 4.6^a	60.91 ± 1.9^a	1.40 ± 0.05
D_2	91.61 ± 2.5^b	69.50 ± 4.7^b	1.53 ± 0.06
D_3	77.30 ± 4.7^{ab}	65.72 ± 1.4^{ab}	1.50 ± 0.09
D_4	79.11 ± 4.5^{ab}	65.91 ± 0.6^{ab}	1.42 ± 006
D_5	90.52 ± 5.1^b	67.11 ± 1.0^{ab}	1.57 ± 0.07
双因素方差分析			
果寡糖水平	*	*	ns
投喂模式	ns	ns	ns
交互	*	ns	ns

注：数据表示为平均值±标准误，同列数据上标含相同字母者差异不显著。* 表示 $P<0.05$，** 表示 $P<0.01$，ns 表示无显著差异。

二、对花鳗鲡肠道消化酶活性的影响

解文丽（2017）对花鳗鲡的研究发现，基础饲料中添加 1g/kg 果寡糖未显著影响花鳗鲡肠道胰蛋白酶（TRY）和胃蛋白酶活性（$P>0.05$），但显著提高了花鳗鲡肠道血清淀粉酶（AMS）活性和脂肪酶（LPS）活性（$P<0.05$）。

三、对克氏原螯虾肠道消化能力的影响

杨维维（2014）通过在克氏原螯虾饲料中添加果寡糖，发现在 $0 \sim 0.7\%$ 的添加范围内，随着饲料中果寡糖添加量的上升，克氏原螯虾的肠道蛋白酶和脂肪酶活性呈现先上升后下降的趋势，当添加浓度达到 0.5% 时达到最大值。淀粉酶活性呈现持续上升的趋势，与对照组相比差异不显著（$P > 0.05$）（表7-2）。

表 7-2　果寡糖对克氏原螯虾肠道消化能力的影响（杨维维，2014）

果寡糖添加量（%）	蛋白酶（U/mg）	脂肪酶（U/mg）	淀粉酶（U/mg）
0	23.46 ± 4.12^d	45.33 ± 5.21	1.46 ± 0.02
0.1	28.92 ± 2.38^c	45.41 ± 6.57	1.49 ± 0.09
0.3	31.55 ± 2.67^b	49.87 ± 7.78	1.52 ± 0.09
0.5	36.67 ± 2.76^a	52.19 ± 5.83	1.59 ± 0.02
0.7	30.57 ± 2.12^{bc}	44.29 ± 7.44	1.60 ± 0.03

注：数据表示为平均值±标准误，同列数据上标含相同字母者差异不显著。

虾体的肠道消化酶活力高低直接反映了机体对营养物质的消化吸收能力，也反映了机体的免疫状态。该试验结果显示，在克氏原螯虾生长过程中，果寡糖对虾体蛋白酶活性的影响较为明显，并在添加浓度达到 0.5% 时蛋白酶活性最强。果寡糖对肠道淀粉酶、脂肪酶活性影响相对较小，随着添加浓度的增加没有明显的趋势。这说明，饲料中添加果寡糖可以提高肠道蛋白酶的活性，提高机体对蛋白质的消化吸收能力，当添加浓度为 0.5% 时效果最为明显。

四、对银鲫消化酶活性的影响

王艳（2008）在研究果寡糖对银鲫消化酶活性及肠道菌群的试验中，在基础日粮中分别添加 0.5g/kg（$A_{0.5}$）、1.0g/kg（$A_{1.0}$）、2.0g/kg（$A_{2.0}$）、4.0g/kg（$A_{4.0}$）的果寡糖，对照组饲喂基础饲料（A_0）。银鲫平均体重为50g，于试验的第56天测肠道、肝胰脏的消化酶活性，于试验第0天、14天、28天、56天进行肠道菌群分析。结果表明，随着果寡糖添加量的增加，其肠道和肝胰脏蛋白酶、淀粉酶、脂肪酶活性呈现先增加后降低的趋势；饲料中添加 1.0g/kg 和 2.0g/kg 的果寡糖能显著提高银鲫肠道和肝胰脏的蛋白酶活性、肠道淀粉酶活性、肝胰脏的脂肪酶活性（$P < 0.05$），而对肝胰脏淀粉酶活性、肠道的脂肪酶活性没有显著影响（$P > 0.05$）（表7-3、表7-4、表7-5）。

表 7-3 果寡糖对银鲫鱼蛋白酶活性的影响（U/g）（王艳，2008）

组别（剂量）	前肠	中肠	后肠	肝脏
A$_0$	655.53±17.64^a	642.35±14.59^a	659.53±17.08^a	231.34±10.06^a
A$_{0.5}$	701.65±12.21^{ab}	706.66±12.74^{ab}	704.42±11.86^{ab}	248.86±10.59^{ab}
A$_{1.0}$	747.97±24.04^b	745.95±29.53^b	743.70±31.29^b	263.80±21.49^{ab}
A$_{2.0}$	764.63±22.20^b	773.40±34.76^b	773.38±22.39^b	287.71±19.37^b
A$_{4.0}$	657.22±23.48^a	651.10±27.93^a	662.64±19.60^a	253.27±12.83^{ab}

注：数据表示为平均值±标准误，同列数据上标含相同字母者差异不显著。

表 7-4 果寡糖对银鲫淀粉酶活性的影响（U/g）（王艳，2008）

组别（剂量）	前肠	中肠	后肠	肝脏
A$_0$	17.11±1.37^a	17.59±1.81^a	17.85±1.86^a	8.99±1.50^a
A$_{0.5}$	19.53±1.69^{ab}	20.64±2.07^{ab}	19.77±2.18^{ab}	9.21±0.15^a
A$_{1.0}$	22.61±1.21^{bc}	24.04±1.41^{ab}	24.32±1.94^{bc}	9.45±0.56^a
A$_{2.0}$	25.60±1.73^c	25.84±1.63^b	26.26±1.43^c	10.69±0.43^a
A$_{4.0}$	18.89±1.87^{ab}	18.83±2.49^a	18.68±1.41^{ab}	9.73±0.90^a

注：数据表示为平均值±标准误，同列数据上标含相同字母者差异不显著。

表 7-5 果寡糖对银鲫鱼脂肪酶活性的影响（U/g）（王艳，2008）

组别（剂量）	前肠	中肠	后肠	肝脏
A$_0$	164.44±19.37^a	186.67±13.33^a	235.56±11.76^a	253.33±20.37^a
A$_{0.5}$	168.86±23.52^a	173.33±23.09^a	244.44±19.37^a	266.67±15.40^{ab}
A$_{1.0}$	186.67±15.40^a	213.33±20.37^a	253.33±27.76^a	337.78±31.11^b
A$_{2.0}$	177.78±16.02^a	222.22±17.78^a	257.78±23.52^a	346.67±27.76^b
A$_{4.0}$	159.99±23.09^a	191.11±16.02^a	239.99±13.33^a	271.11±27.03^{ab}

注：数据表示为平均值±标准误，同列数据上标含相同字母者差异不显著。

五、对其他鱼类消化酶活性的影响

倪新毅（2018）在杂交鳢饲料中添加 0.7g/kg 黄芪多糖与 5.0g/kg 果寡糖，发现其胃脂肪酶、肠脂肪酶、胃蛋白酶和肠蛋白酶活性均显著高于对照组。肖明松等（2005）报道，果寡糖可以提高鲤肝胰脏和肠道蛋白酶、淀粉酶、脂肪酶的活性。随着果寡糖添加量的增加，鲤的消化酶活力提高，但超过一定量时，鲤的消化酶活性反而减弱。原因可能是添加过量的果寡糖改变了肠道微生物的生活环境，消化道后部寄生的微生物发酵过度，食物通过消化道加快，产生软便甚至下痢，消化酶可能过多地排出体外，使得肠道内消化酶活性降低。王杰等（2016）发现饲料中添加 0.1％和 0.2％果寡糖能显著提高石斑鱼肠道蛋白酶活性、淀粉酶活性。果寡糖能增加消化酶活性的机理可能是因为其促进了肠上皮细胞生长，增加了内源酶的活性，同时果寡糖可以促进有益菌增殖同时抑制有害菌、减少消化酶的损失，从而提高了消化酶的活性（唐胜球等，2007）。

第二节　对水产动物肠道菌群及肠道微生态的影响

在正常情况下，鱼肠道微生物菌群主要有气单胞菌、大肠杆菌、需氧芽孢杆菌、酵母菌、乳酸杆菌、双歧杆菌、拟杆菌、梭状芽孢杆菌等（王红宁等，1994）。寡聚糖类饲料添加剂可显著降低鱼肠道中有害菌如气单胞菌、大肠杆菌等的数量，增加双歧杆菌、乳酸杆菌等有益菌的数量。

一、对牙鲆肠道菌群及肠道微生态的影响

李富东等（2010）通过果寡糖、甘露寡糖和芽孢杆菌的单独或联合添加试验发现，与对照组相比，不同处理组牙鲆幼鱼肠道内可培养细菌总数显著减少，致病菌恶臭假单胞菌未检出，牙鲆肠道内致病菌弗尼斯弧菌、鲍氏不动杆菌和表皮葡萄球菌数量显著减少，施氏假单胞菌数量有所增加。其中，单独添加果寡糖时，牙鲆肠道优势菌有鲍氏不动杆菌、溶酪大球菌、弗尼斯弧菌、铅黄肠球菌、表皮葡萄球菌。溶酪大球菌和弗尼斯弧菌与对照组相比大大降低，铅黄肠球菌和表皮葡萄球菌显著升高。表明果寡糖能够影响牙鲆肠道菌群的数量与组成，对肠道致病菌如弗尼斯弧菌有一定的抑制作用。

二、对花鳗鲡肠道微生态的影响

1g/kg 果寡糖添加量降低了花鳗鲡肠道菌群多样性，可能是它们促进肠道的有益菌生长，抑制了有害菌生长和繁殖，增加了变形菌门的数量，降低了厚壁菌门比例。从菌群的属水平分析，增加了肠道有益菌乳球菌属（*Lactococcus*）细菌数量，降低了条件性致病菌梭菌属（*Clostridium*）细菌和有益菌乳酸菌属（*Lactobacillus*）细菌的数量，调节了肠道菌群结构（解文丽，2017）。

三、对中华绒螯蟹肠道微生态的影响

贾二腾等（2018）对中华绒螯蟹的饲料中添加不同浓度的果寡糖对肠道双歧杆菌和拟杆菌的影响如图 7-1 所示，研究表明，在 TF_3（1.5g/kg FOS）、TF_4（2.0g/kg FOS）和 TF_5（2.5g/kg FOS）组双歧杆菌的相对丰度高于对

照组、TF_1（0.5g/kg FOS）和 TF_2（1.0g/kg FOS）组，并且与对照组相比差异显著（$P<0.05$）；拟杆菌的相对丰度在 TF_4 组显示出最高值，与其他各组相比都差异显著（$P<0.05$）。

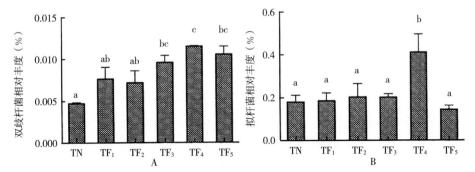

图 7-1　果寡糖对中华绒螯蟹肠道微生物组成的影响（贾二腾，2018）

A. 饲料中不同水平的果寡糖水平对中华绒螯蟹食糜中双歧杆菌相对丰度的影响

B. 饲料中不同水平的果寡糖水平对中华绒螯蟹食糜中拟杆菌相对丰度的影响

注：标有不同的字母显示差异显著（$P<0.05$）。

四、对奥尼罗非鱼肠道菌群的影响

陆娟娟（2011）研究表明，各 FOS 添加组均能减少奥尼罗非鱼肠道大肠杆菌和沙门氏菌的数量，各添加组双歧杆菌和乳酸杆菌的数量均有上升的趋势。试验结果表明在奥尼罗非鱼饲料中添加不同水平的 FOS 均能改善鱼体的肠道微生物菌群数量，能显著降低有害菌群大肠杆菌、沙门氏菌的数量，提高有益菌群双歧杆菌、乳酸杆菌的数量。由此可见，果寡糖对动物肠道微生物能产生有益影响，能够作为肠道微生态调节因子，促进肠道双歧杆菌和乳酸菌等有益菌的增殖，可降低大肠杆菌和沙门氏菌等有害菌数量，从而达到改善肠道微生态平衡的作用，有利于鱼类健康，在奥尼罗非鱼养殖中可有效替代饲用抗生素。

五、对银鲫肠道菌群的影响

王艳等（2008）投喂果寡糖 0（A_0）、0.5g/kg（$A_{0.5}$）、1.0g/kg（$A_{1.0}$）、2.0g/kg（$A_{2.0}$）、4.0g/kg（$A_{4.0}$）后，银鲫前、中、后肠双歧杆菌和乳酸杆菌的数量在整个试验期间比对照组高；大肠杆菌和气单胞菌的数量在试验期间比对照组数量低。寡聚糖类饲料添加剂可显著降低鱼肠道中有害菌如气单胞菌、大肠杆菌等的数量，增加双歧杆菌、乳酸杆菌等有益菌的数量（表 7-6）。果寡糖由 β-1,2-糖苷键组成，而动物体内的消化酶不能分解 β-1,2-糖苷键。肠道中的有益菌如双歧杆菌、乳酸杆菌等具有能分解各种糖苷键的酶，分解消化产物为肠道内有益微生物提供了大量的营养物质，有利于有益菌的增殖。肠道有益菌的大量增殖，形成微生态竞争优势，抑制有害菌的增殖。

表 7-6　果寡糖对银鲫肠道内双歧杆菌的影响（王艳，2008）

部位	组别	作用时间				
		0d	14d	28d	42d	56d
前肠	A_0组	8.49±0.03	8.48±0.03[a]	8.45±0.01[a]	8.47±0.04[a]	8.54±0.03[a]
	$A_{0.5}$组	8.49±0.03	8.56±0.02[b]	8.50±0.02[ab]	8.55±0.03a[b]	8.57±0.03[ab]
	$A_{1.0}$组	8.49±0.03	8.59±0.02[b]	8.57±0.04[b]	8.58±0.03[bc]	8.62±0.01[b]
	$A_{2.0}$组	8.49±0.03	8.62±0.01[b]	8.59±0.05[b]	8.61±0.02[c]	8.58±0.01[ab]
	$A_{4.0}$组	8.49±0.03	8.57±0.03[b]	8.50±0.02[ab]	8.54±0.03[bc]	8.59±0.01[ab]
中肠	A_0组	8.53±0.04	8.51±0.06[a]	8.54±0.03[a]	8.57±0.02[a]	8.62±0.02[a]
	$A_{0.5}$组	8.53±0.04	8.59±0.02[a]	8.55±0.04[ab]	8.62±0.02[ab]	8.63±0.02[a]
	$A_{1.0}$组	8.53±0.04	8.61±0.02[ab]	8.62±0.02[bc]	8.66±0.01[bc]	8.68±0.01[b]
	$A_{2.0}$组	8.53±0.04	8.70±0.01[b]	8.65±0.02[c]	8.73±0.02[c]	8.65±0.01[ab]
	$A_{4.0}$组	8.53±0.04	8.61±0.02[ab]	8.57±0.01[abc]	8.68±0.02[bc]	8.66±0.01[ab]
后肠	A_0组	8.65±0.03	8.69±0.02[a]	8.69±0.02[a]	8.57±0.02[a]	8.70±0.01[a]
	$A_{0.5}$组	8.65±0.03	8.74±0.04[ab]	8.72±0.02[a]	8.62±0.02[a]	8.73±0.01[ab]
	$A_{1.0}$组	8.65±0.03	8.73±0.03[ab]	8.75±0.01[ab]	8.66±0.01[ab]	8.78±0.01[c]
	$A_{2.0}$组	8.65±0.03	8.77±0.02[b]	8.78±0.02[b]	8.73±0.02[b]	8.76±0.01[bc]
	$A_{4.0}$组	8.65±0.03	8.74±0.01[ab]	8.73±0.01[ab]	8.68±0.02[a]	8.74±0.01[bc]

注：数据表示为平均值±标准误，同列数据上标含相同字母者差异不显著。表中数值以每克样品中菌落形成单位（CFU）的常用对数值表示，表 7-7 至表 7-9 与此相同。

投喂果寡糖后 0.5g/kg 组、1.0g/kg 组、2.0g/kg 组、4.0g/kg 组的前、中、后肠双歧杆菌的数量在整个试验期间比对照组高（$P<0.05$）。1.0g/kg 组与 2.0g/kg 组前肠的双歧杆菌从试验的第 14 天显著高于对照组（$P<0.05$），两组之间差异不显著（$P>0.05$）。

果寡糖能提高银鲫肠道内乳酸杆菌的数量，0.5g/kg 组、1.0g/kg 组、2.0g/kg 组、4.0g/kg 组的前、中、后肠乳酸杆菌的数量在整个试验期间比对照组高（$P<0.05$）。添加量 1.0g/kg 和 2.0g/kg 效果显著（$P<0.05$），这两个组别之间差异不显著（$P>0.05$）（表 7-7）。

表 7-7　果寡糖对银鲫肠道内乳酸杆菌的影响（王艳，2008）

部位	组别	作用时间				
		0d	14d	28d	42d	56d
前肠	A_0组	8.66±0.04	8.68±0.03[a]	8.70±0.01[a]	8.65±0.03[a]	8.69±0.01[a]

（续）

部位	组别	作用时间				
		0d	14d	28d	42d	56d
前肠	$A_{0.5}$组	8.66 ± 0.04	8.69 ± 0.02^a	8.74 ± 0.02^{ab}	8.69 ± 0.02^{ab}	8.72 ± 0.01^{ab}
	$A_{1.0}$组	8.66 ± 0.04	8.70 ± 0.02^a	8.76 ± 0.02^{ab}	8.73 ± 0.02^{bc}	8.74 ± 0.01^{bc}
	$A_{2.0}$组	8.66 ± 0.04	8.75 ± 0.02^a	8.78 ± 0.01^b	8.76 ± 0.02^c	8.77 ± 0.01^c
	$A_{4.0}$组	8.66 ± 0.04	8.70 ± 0.01^a	8.74 ± 0.02^{ab}	8.68 ± 0.01^{ab}	8.75 ± 0.01^{bc}
中肠	A_0组	8.72 ± 0.02	8.73 ± 0.02^a	8.75 ± 0.02^a	8.75 ± 0.02^a	8.76 ± 0.01^a
	$A_{0.5}$组	8.72 ± 0.02	8.76 ± 0.03^{ab}	8.78 ± 0.02^{ab}	8.76 ± 0.02^{ab}	8.80 ± 0.02^{ab}
	$A_{1.0}$组	8.72 ± 0.02	8.78 ± 0.02^{ab}	8.80 ± 0.02^{ab}	8.79 ± 0.01^{ab}	8.82 ± 0.02^b
	$A_{2.0}$组	8.72 ± 0.02	8.82 ± 0.02^b	8.82 ± 0.01^b	8.81 ± 0.01^b	8.80 ± 0.01^{ab}
	$A_{4.0}$组	8.72 ± 0.02	8.78 ± 0.03^{ab}	8.79 ± 0.01^{ab}	8.78 ± 0.01^{ab}	8.79 ± 0.02^{ab}
后肠	A_0组	8.75 ± 0.01	8.75 ± 0.02^a	8.77 ± 0.01^a	8.79 ± 0.02^a	8.80 ± 0.02^a
	$A_{0.5}$组	8.75 ± 0.01	8.76 ± 0.01^a	8.79 ± 0.01^{ab}	8.82 ± 0.02^{ab}	8.82 ± 0.02^{ab}
	$A_{1.0}$组	8.75 ± 0.01	8.84 ± 0.02^b	8.81 ± 0.01^{ab}	8.83 ± 0.01^b	8.86 ± 0.02^b
	$A_{2.0}$组	8.75 ± 0.01	8.86 ± 0.01^b	8.83 ± 0.01^b	8.86 ± 0.01^b	8.84 ± 0.01^{ab}
	$A_{4.0}$组	8.75 ± 0.01	8.84 ± 0.01^b	8.80 ± 0.02^{ab}	8.82 ± 0.02^{ab}	8.82 ± 0.01^{ab}

注：数据表示为平均值±标准误，同列数据上标含相同字母者差异不显著。

投喂果寡糖后，1.0g/kg组、2.0g/kg组、4.0g/kg组的前、中、后肠大肠杆菌的数量在整个试验期间比对照组低（$P<0.05$）。其中，2.0g/kg和4.0g/kg两组与对照组相比对大肠杆菌数量减少效果显著（$P<0.05$）。添加量为2.0g/kg组在添加14d后可显著减少前、中、后肠的大肠杆菌数量（$P<0.05$）（表7-8）。

表7-8　果寡糖对银鲫肠道大肠杆菌数量的影响（王艳，2008）

部位	组别	作用时间				
		0d	14d	28d	42d	56d
前肠	A_0组	5.25 ± 0.05	5.53 ± 0.07^a	5.27 ± 0.09^a	5.16 ± 0.01^a	5.18 ± 0.02^a
	$A_{0.5}$组	5.25 ± 0.05	5.55 ± 0.09^a	5.28 ± 0.08^a	4.98 ± 0.01^b	5.03 ± 0.01^b
	$A_{1.0}$组	5.25 ± 0.05	5.49 ± 0.06^a	4.86 ± 0.04^b	4.94 ± 0.01^{bc}	5.01 ± 0.04^b
	$A_{2.0}$组	5.25 ± 0.05	5.20 ± 0.06^b	4.37 ± 0.12^c	4.91 ± 0.02^c	4.93 ± 0.01^c
	$A_{4.0}$组	5.25 ± 0.05	5.50 ± 0.06^a	4.79 ± 0.01^b	4.97 ± 0.02^b	4.97 ± 0.01^{bc}
中肠	A_0组	5.43 ± 0.06	5.63 ± 0.11^a	4.98 ± 0.01^a	5.34 ± 0.02^a	5.39 ± 0.04^a
	$A_{0.5}$组	5.43 ± 0.06	5.65 ± 0.12^a	4.96 ± 0.01^a	5.21 ± 0.03^b	5.26 ± 0.04^b

（续）

部位	组别	作用时间				
		0d	14d	28d	42d	56d
中肠	$A_{1.0}$组	5.43±0.06	5.76±0.20^a	4.91±0.01^b	5.13±0.02^b	5.21±0.02^b
	$A_{2.0}$组	5.43±0.06	4.41±0.17^b	4.81±0.02^c	5.12±0.03^b	5.17±0.03^b
	$A_{4.0}$组	5.43±0.06	4.96±0.11^c	4.84±0.02^c	5.14±0.03^b	5.24±0.02^b
后肠	A_0组	5.54±0.03	5.44±0.06^a	5.92±0.03^a	4.95±0.01^a	5.41±0.02^a
	$A_{0.5}$组	5.54±0.03	5.39±0.06^{ab}	5.91±0.04^a	4.96±0.01^a	5.29±0.03^b
	$A_{1.0}$组	5.54±0.03	5.33±0.03^{ab}	5.85±0.08^a	4.91±0.01^b	5.24±0.02^{bc}
	$A_{2.0}$组	5.54±0.03	5.24±0.04^b	5.36±0.05^b	4.81±0.02^c	5.20±0.02^c
	$A_{4.0}$组	5.54±0.03	5.36±0.05^{ab}	5.62±0.05^c	4.84±0.02^c	5.28±0.03^{bc}

　　投喂果寡糖后，0.5g/kg组、1.0g/kg组、2.0g/kg组、4.0g/kg组的前肠气单胞菌的数量在整个试验期间比对照组低（$P<0.05$）。2.0g/kg组前、中、后肠气单胞菌的数量从试验的第14天开始显著低于对照组（$P<0.05$），并且与其他组差异显著（$P<0.05$）（表7-9）。

表7-9　果寡糖对银鲫肠道气单胞菌数量的影响（王艳，2008）

部位	组别	作用时间				
		0d	14d	28d	42d	56d
前肠	A_0组	3.62±0.02	3.75±0.02^a	3.65±0.04^a	3.76±0.02^a	3.74±0.01^a
	$A_{0.5}$组	3.62±0.02	3.72±0.02^{ab}	3.64±0.03^a	3.69±0.02^b	3.70±0.01^b
	$A_{1.0}$组	3.62±0.02	3.72±0.02^{ab}	3.55±0.06^{ab}	3.67±0.02^{bc}	3.67±0.01^b
	$A_{2.0}$组	3.62±0.02	3.68±0.01^b	3.44±0.07^b	3.62±0.01^c	3.63±0.02^c
	$A_{4.0}$组	3.62±0.02	3.73±0.02^{ab}	3.45±0.07^b	3.66±0.02^{bc}	3.68±0.01^b
中肠	A_0组	3.75±0.06	3.85±0.03^a	3.84±0.03^a	3.80±0.01^a	3.85±0.01^a
	$A_{0.5}$组	3.75±0.06	3.68±0.05^{ab}	3.81±0.03^{ab}	3.79±0.01^{ab}	3.80±0.01^b
	$A_{1.0}$组	3.75±0.06	3.83±0.07^{ab}	3.79±0.02^{ab}	3.76±0.01^b	3.77±0.01^b
	$A_{2.0}$组	3.75±0.06	3.67±0.03^b	3.76±0.01^b	3.75±0.01^b	3.72±0.01^c
	$A_{4.0}$组	3.75±0.06	3.75±0.07^{ab}	3.80±0.01^{ab}	3.79±0.01^{ab}	3.80±0.02^b
后肠	A_0组	3.82±0.02	3.95±0.02^a	3.91±0.01^a	3.88±0.02^a	3.88±0.01^a
	$A_{0.5}$组	3.82±0.02	3.92±0.02^{ab}	3.85±0.01^{ab}	3.87±0.02^a	3.84±0.01^b
	$A_{1.0}$组	3.82±0.02	3.93±0.02^{ab}	3.81±0.01^{ab}	3.86±0.02^{ab}	3.76±0.01^c
	$A_{2.0}$组	3.82±0.02	3.88±0.01^b	3.80±0.02^b	3.81±0.01^b	3.82±0.01^b
	$A_{4.0}$组	3.82±0.02	3.89±0.02^{ab}	3.83±0.01^{ab}	3.87±0.02^a	3.85±0.01^b

六、对其他水产动物肠道菌群的影响

李云兰（2004）和张红梅（2003）的研究表明，饲料中添加果寡糖能够显著抑制鲤肠道中大肠杆菌的生长，促进乳酸杆菌和双歧杆菌的增殖。

七、果寡糖和芽孢杆菌交互对三角鲂肠道酶活性的影响

试验设计同第五章第三节。饲料中添加果寡糖和芽孢杆菌对三角鲂肠道酶活性的影响的结果见表 7-10。

表 7-10　饲料中添加果寡糖和芽孢杆菌对三角鲂肠道酶活性的影响

饲料	蛋白酶（每毫克蛋白中，U）	脂肪酶（每克蛋白中，U）	淀粉酶（每毫克蛋白中，U）	Na^+-K^+-ATP（每毫克蛋白中，U）
0/0	119±2[a]	43.5±1.9	2.22±0.12	0.69±0.04[a]
0/3	126±2[bc]	47.4±1.2	2.39±0.11	0.80±0.02[b]
0/6	130±1[cd]	48.2±1.1	2.39±0.11	0.80±0.02[b]
1/0	125±1[bc]	47.4±1.3	2.45±0.11	0.77±0.03[b]
1/3	133±2[d]	48.2±1.0	2.39±0.13	0.80±0.01[b]
1/6	128±2[cd]	45.9±1.0	2.55±0.14	0.78±0.03[b]
5/0	130±2[cd]	45.1±0.77	2.37±0.12	0.79±0.03[b]
5/3	128±3[cd]	44.6±0.93	2.35±0.14	0.77±0.02[b]
5/6	121±2[ab]	43.6±1.27	2.31±0.06	0.74±0.03[ab]
果寡糖（%）				
0	126±2[a]	45.3±095	2.34±0.07	0.75±0.02
0.3	128±2[ab]	46.7±0.95	2.38±0.07	0.79±0.02
0.6	130±1[b]	45.8±0.95	2.42±0.07	0.78±0.02
芽孢杆菌（CFU/g）				
0	123±1[a]	46.3+1.21[ab]	2.33±0.12	0.76±0.02
$1×10^7$	130±1[c]	47.1+1.21[b]	2.46±0.12	0.78±0.02
$5×10^7$	126±1[bc]	44.4±1.21[a]	2.35±0.11	0.76±0.02
双因素方差分析				
果寡糖	*	ns	ns	Ns
芽孢杆菌	*	*	ns	Ns
交互	**	ns	ns	*

注：数据表示为平均值±标准误，同列数据上标含相同字母者差异不显著。* 表示 $P<0.05$，** 表示 $P<0.01$，ns 表示无显著差异。

肠道消化酶活性如表 7-10 所示，蛋白酶受到果寡糖添加水平影响显著，并在添加量为 0.3% 组显著高于其他组（$P<0.05$）；地衣芽孢杆菌对肠道蛋白酶和脂肪酶都有显著影响（$P<0.05$），在添加量为 $1×10^7$CFU/g 添加水平组出现最大值。另外，肠道蛋白酶和 Na^+-K^+-ATP 酶的活性显著受到果寡糖和芽孢杆菌交互作用的影响（$P<0.05$），其中 1/0.3 组的值最高；除了最后一组之外，试验组的 Na^+-K^+-ATP 酶活性都显著高于对照组（$P<0.05$）。

鱼类的消化酶和吸收酶活性在促进消化、吸收和生长过程中起着重要作用（Hakim et al.，2006）。消化酶的活性与消化能力密切相关（Perez-Casanova et al.，2006），在一定程度上决定了它从食物中获取营养的能力（Furne et al.，2005）。有研究得出肠道蛋白酶活性随着果寡糖添加量的增加而呈上升趋势，证明饲料中添加适宜水平的果寡糖能够提高三角鲂的消化能力，鱼类肠道健康在机体健康中起着重要作用，肠道中微生物菌群对消化酶分泌也起着至关重要的作用（Ringø and Gatesoupe，1998）。因此，肠道消化酶活性的提高可能与果寡糖改变了三角鲂肠道内微生物菌群构成有关，有研究证明果寡糖能够促进肠道内双歧杆菌和乳酸杆菌的生长和增殖，从而增强了有益菌的竞争力（Sissons，1989）。本研究还得出肠道蛋白酶和脂肪酶活性均受到地衣芽孢杆菌的显著影响。地衣芽孢杆菌提高了它们的活性，这可能是由于芽孢杆菌本身能够分泌一些酶，因为之前的试验证明芽孢杆菌属能分泌大量的酶类（Moriarty，1996；Azokpota et al.，2006）。Na^+-K^+-ATP 酶与鱼类的吸收能力密切相关，酶活性的增强代表了吸收功能的提高（Rhoads et al.，1994）。肠道对营养物质比如氨基酸和糖类的吸收与 Na^+-K^+-ATP 酶的活性有关，Na^+-K^+-ATP 酶活性增强能够促进肠道对这些营养物质的吸收。Na^+-K^+-ATP 酶活性的增强与肠道内部结构有关，微绒毛发育的完善可以增加肠道的消化吸收面积（Scholz-Ahrens et al.，2007；Mansour et al.，2012），并且已有报道证实益生元和益生菌能够增强肠道免疫防御机能，提高肠道内环境的免疫力，促进肠道健康，这都可能提高肠道的消化吸收能力（Roller et al.，2004）。

第三节　果寡糖对水产动物肠道形态结构的影响

肠道形态能直观地反映肠道健康，肠绒毛长度、肌层厚度与肠道的吸收能力直接相关。肠黏膜结构的良好状态是养分消化吸收和动物正常生长的生理学基础，也有助于降低致病菌在肠道中的机会性感染。

一、对团头鲂肠道形态的影响

试验设计同第三章第一节的试验鱼及试验设计中的方法。从图 7-2 可以看出，添加果寡糖组的肠道微绒毛的排列比较均匀、整齐，长度明显增长。

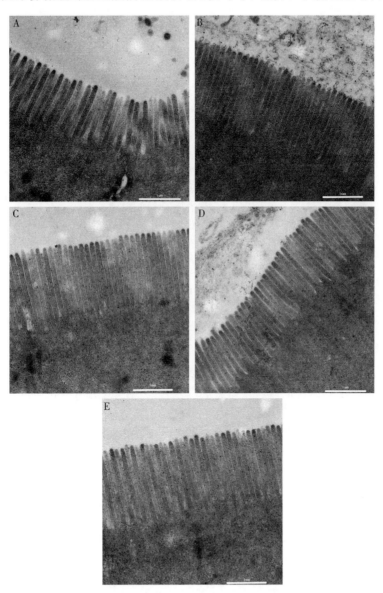

图 7-2 电镜下分析团头鲂的肠道微绒毛发育状况

A. 基础日粮组 B. 连续投喂 0.4% 果寡糖组 C. 连续投喂 0.8% 果寡糖组
D. 每周投喂基础日粮 5d，投喂 0.4% 果寡糖 2d E. 每周投喂基础日粮 5d，投喂 0.8% 果寡糖 2d

二、果寡糖和芽孢杆菌对三角鲂肠道微绒毛发育的影响

由图 7-3 可以看出，肠道微绒毛长度随着芽孢杆菌添加水平的增加而呈先升高后降低的趋势，并且果寡糖和芽孢杆菌的交互作用对它也有显著影响（$P<0.05$），最大值在 1/0.3 组。图 7-4 显示对照组的微绒毛排列不整齐，长度显著低于其他试验组，在 1/0.3 组微绒毛排列比较紧密、整齐，表面光滑，长度最长。

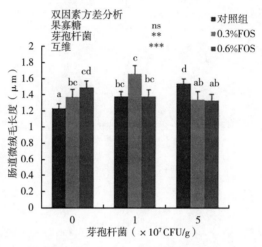

图 7-3 果寡糖和芽孢杆菌对三角鲂肠道微绒毛发育的影响

结果表明，三角鲂肠道微绒毛的长度随着地衣芽孢杆菌添加量的增加呈先增长后降低的趋势，益生菌能够促进肠道上皮细胞的增殖和发育，这可能是造成微绒毛长度增加的原因。益生菌改善肠道微绒毛结构和扩大吸收面积在其他鱼上已得到证实（Merrifield et al.，2009；Sáenz de et al.，2009）。果寡糖和芽孢杆菌的交互作用在改善肠道微绒毛结构方面也起到较好的效果，透射电镜分析结果得出试验组微绒毛明显比对照组排列整齐、长度增加。研究表明肠道内的微生物可以影响微绒毛的结构和胃肠道形态（Pryor et al.，2003；Bates et al.，2006；Ringø et al.，2007），并且微生物菌群的不同也会对其造成影响。肠腔内有害菌的减少、有益菌的增多会促进上皮细胞的增殖，进而促进微绒毛长度的增加（Mourão et al.，2006），微绒毛长度的增加能改善刷状绒毛的完整性和表面的吸收能力，最终提高机体对营养物质的消化利用率（Caspary，1992）。相应的，果寡糖和芽孢杆菌对肠道微绒毛发育的改善是三角鲂对饲料消化利用率提高的另一个原因。关于益生元和益生菌对肠道菌群结构和微绒毛发育影响的具体作用机制还需要更进一步的研究。

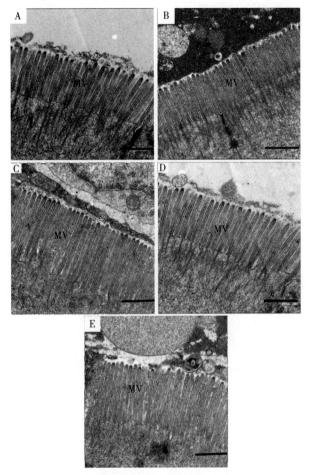

图 7-4　三角鲂肠道微绒毛电镜分析（标尺＝1μm）

A. 对照组　B. 0.3％果寡糖组　C. 0.3％果寡糖＋1×10⁷ CFU/g 芽孢杆菌

D. 1×10⁷ CFU/g 芽孢杆菌　E. 0.6％果寡糖＋5×10⁷ CFU/g 芽孢杆菌组

三、对斜带石斑鱼肠道形态的影响

胡凌豪等（2019）报道饲料中添加果寡糖，各组石斑鱼肠道形态较为完整，绒毛整齐致密（图 7-5、图 7-6）。各试验组与对照组相比，绒毛高度与宽度均明显增加，肌层厚度也有所增加。试验 28d 和 56d 时，试验组斜带石斑鱼肠绒毛高度均高于对照组，其中 28d 时 0.05％试验组和 0.20％试验组绒毛高度显著高于对照组（$P<0.05$），56d 时 0.05％试验组和 0.10％试验组显著高于对照组（$P<0.05$）（表 7-11）。试验 28d 和 56d 时，试验组斜带石斑鱼肠绒毛宽度均显著高于对照组（$P<0.05$），28d 时，0.05％试验组显著高于其他

试验组（P＜0.05）。试验 28d 和 56d 时，0.10％试验组肠道肌层厚度显著高于对照组（P＜0.05），其余各组与对照组差异不显著（P＞0.05）。

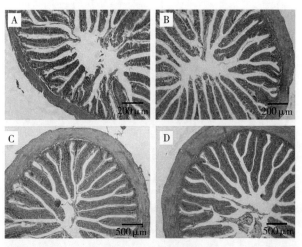

图 7-5　饲喂果寡糖 28d 时斜带石斑鱼的肠道形态（200×）（胡凌豪，2019）
A. 对照组　B. 0.05％试验组　C. 0.10％试验组　D. 0.20％试验组

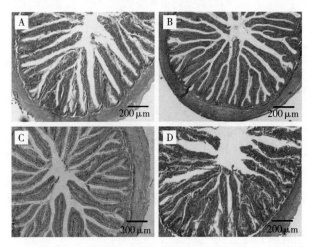

图 7-6　饲喂果寡糖 56d 时斜带石斑鱼的肠道形态（200×）（胡凌豪，2019）
A. 对照组　B. 0.05％试验组　C. 0.10％试验组　D. 0.20％试验组

表 7-11　果寡糖对斜带石斑鱼肠道形态的影响（胡凌豪，2019）

项目	时间（d）	对照组	0.05％试验组	0.10％试验组	0.20％试验组
绒毛高度（μm）	28	477.79±10.88ᵃ	608.93±11.80ᶜ	507.51±10.66ᵃᵇ	543.16±11.94ᵇ
	56	504.00±12.88ᵃ	574.45±16.69ᵇ	580.00±11.27ᵇ	512.32±10.03ᵃ
绒毛宽度（μm）	28	69.16±1.11ᵃ	85.51±1.58ᵇ	80.42±1.32ᶜ	77.02±1.41ᶜ

（续）

项目	时间（d）	对照组	0.05%试验组	0.10%试验组	0.20%试验组
	56	68.19 ± 1.26^a	77.68 ± 1.16^b	77.92 ± 1.24^b	76.99 ± 1.92^b
肌层厚度（μm）	28	79.00 ± 2.01^a	84.46 ± 2.18^a	103.73 ± 2.97^b	76.96 ± 3.42^a
	56	81.27 ± 3.43^a	77.46 ± 2.23^a	99.15 ± 2.33^b	78.66 ± 2.66^a

注：数据表示为平均值±标准误，同行数据上标含相同字母者差异不显著。

四、对其他水产动物肠道形态的影响

吴阳等（2012）对团头鲂的研究发现，饲料中添加果寡糖能显著提升团头鲂的肠绒毛高度（$P<0.05$），其中果寡糖添加量为0.4%时达到峰值，但当果寡糖添加量超过0.4%时，微绒毛高度有所下降，但仍显著性高于对照组。1g/kg果寡糖添加量可以显著提高花鳗鲡前肠和中肠杯状细胞数量，显著增加花鳗鲡中肠直径，显著改善肠道组织结构。2%和3%的果寡糖添加量显著增加尼罗罗非鱼中肠绒毛高度和杯状细胞数目（Ashraf et al.，2016）。

参 考 文 献

陈云波，周洪琪，2002. 饲料中添加 β-葡聚糖对南美白对虾的生长、存活及饲料系数的影响 [J]. 淡水渔业，32：55-56.

崔素丽，2012. 高温下大黄素对团头鲂生长、血液指标及抗氨氮应激的影响 [D]. 南京：南京农业大学.

傅国栋，薛惠琴，杭怡琼，等，2003. 低聚寡糖对仔猪生产性能的影响 [J]. 畜牧与兽医，35：1-3.

高峰，周光宏，韩正康，2001. 寡果糖对雏鸡生产性能、免疫功能和内分泌的影响 [J]. 动物营养学报，13：51-55.

高峰，周光宏，韩正康，2002. 小麦米糠日粮添加粗酶制剂和寡果糖对雏鸡生产性能、免疫和内分泌的影响 [J]. 畜牧兽医学报，33：14-17.

高峰，江芸，周光宏，2010. 果寡糖对断奶仔猪生长代谢和免疫的影响 [J]. 畜牧与兽医，33：8-9.

郭勇庆，张英杰，刘月琴，等，2010. 牛蒡果寡糖对绵羊生产性能及营养物质消化的影响 [J]. 饲料研究，2：49-51.

韩正康，柯叶艳，2000. 寡果糖对肉用鹌鹑生产性能、脂肪代谢利用分泌机能的影响 [J]. 中国家禽，22：7-8.

胡彩虹，王友明，2001. 果寡糖对育肥猪生长及肠道菌群等的影响 [J]. 无锡轻工大学学报，20：568-572.

胡毅，黄云，钟蕾，等，2012. 氨氮胁迫对青鱼幼鱼鳃丝 Na^+/K^+-ATP 酶、组织结构及血清部分生理生化指标的影响 [J]. 水产学报，36：538-545.

江波，王璋，1997. 功能性饲料添加剂——低聚果糖 [J]. 粮食与饲料工业，7：27-28.

李飞，张其中，赵海涛，2006. 氨氮对南方鲶两种抗氧化酶和抗菌活力的影响 [J]. 淡水渔业，35：11-15.

梁俊平，李捷，李吉涛，等，2012. 氨氮对脊尾白对虾幼虾和成虾的毒性试验 [J]. 水产科学，36：526-529.

刘波，2012. 高温应激与大黄蒽醌提取物对团头鲂生理反应及相关应激蛋白表达的影响 [D]. 南京：南京农业大学.

刘伟，李佐锋，1996. 温度对鲢鳙鱼生理生化指标的影响 [J]. 东北师大学报：自然科学版，2：108-112.

卢明森，陈孝煊，吴志新，等，2010. 果寡糖对草鱼非特异性免疫功能的影响 [J]. 华中农业大学学报，29：213-216.

卢全章，1991. 草鱼胸腺组织学的研究 [J]. 水生生物学报，15：327-332.

卢全章，1998. 草鱼头肾免疫细胞组成和数量变化［J］. 动物学研究，19：11-16.

明建华，刘波，周群兰，等，2008. 功能性寡糖在水产动物饲料中的应用［J］. 水产科学，27：490-493.

瞿明仁，凌宝明，卢德勋，等，2006. 灌注果寡糖对生长绵羊瘤胃发酵功能的影响［J］. 畜牧兽医学报，8：779-784.

王国杰，柯叶艳，韩正康，2000. 果寡糖对蛋用鹌鹑生产性能、脂肪代谢、免疫和内分泌机能的影响［J］. 畜牧与兽医，32：1-2.

王亚军，吴天星，华卫东，等，2000. 果寡糖对杜洛克仔猪生产性能的影响研究［J］. 饲料工业，1：33-35.

肖明松，陈庆榆，鲍方印，等，2005. 果寡糖对鲤鱼生长性能及消化酶的影响［J］. 水利渔业，25：29-31.

徐镜波，马逊风，侯文礼，等，1994. 温度、氨对鲢、鳙、草、鲤鱼的影响［J］. 中国环境科学，14：214-219.

徐晓津，王军，谢仰杰，等，2008. 大黄鱼头肾免疫细胞研究［J］. 海洋科学，32（11）：24-28.

岳兴建，张耀光，敖磊，等，2004. 南方鲇头肾的组织学和超微结构［J］. 动物学研究，25：327-333.

占秀安，胡彩虹，许梓荣，2003. 果寡糖对肉鸡生长、肠道菌群和肠形态的影响［J］. 中国兽医学报，23（2）：196-198.

张起信，刘光穆，牛明宽，等，2002. 免疫多糖在鲍育苗中应用的初步探讨［J］. 齐鲁渔业，19：3-4.

张永安，孙宝剑，聂品，2000. 鱼类免疫组织和细胞的研究概况［J］. 水生生物学报，24：648-654.

周显青，牛翠娟，孙儒泳，2003. 黄芪对中华鳖免疫和抗酸应激能力的影响［J］. 水生生物学报，1：110-112

Ahne W, 1993. Presence of interleukins (IL-1, IL-3, IL-6) and the tumour necrosis factor (TNF alpha) in fish sera ［J］. Bulletin of the European Association of Fish Pathologists (United Kingdom)，13：106-107.

Ahne W, 1994. Lectin (Con A) induced interleukin (IL-1 a, IL-2, IL-6) production in vitro by leukocytes of rainbow trout (*Oncorhynchus mykiss*) ［J］. Bulletin of the European Association of Fish Pathologists (United Kingdom)，14：33-35.

Ai Q, Xu H, Mai K, et al., 2011. Effects of dietary supplementation of *Bacillus subtilis* and fructooligosaccharide on growth performance, survival, non-specific immune response and disease resistance of juvenile large yellow croaker, *Larimichthys crocea* ［J］. Aquaculture，317：155-161.

Ainsworth AJ, 1992. Fish granulocytes: morphology, distribution, and function ［J］. Annual Review of Fish Diseases，2：123-148.

Airaksinen S, Jokilehto T, Råbergh CM, et al., 2003. Heat-and cold-inducible regulation of

HSP70 expression in zebrafish ZF4 cells [J] . Comparative Biochemistry and Physiology Part B: Biochemistry and Molecular Biology, 136: 275-282.

Akira S, Hirano T, Taga T, et al. , 1990. Biology of multifunctional cytokines: IL 6 and related molecules (IL 1 and TNF) [J] . The Journal of the Federation of American Societies for Experimental Biology, 4: 2860-2867.

Akrami R, Iri Y, Khoshbavar RH, et al. , 2013. Effect of dietary supplementation of fructooligosaccharide (FOS) on growth performance, survival, lactobacillus bacterial population and hemato-immunological parameters of stellate sturgeon (*Acipenser stellatus*) juvenile [J] . Fish & Shellfish Immunology, 35: 1235-1239.

Alexander C, Sahu N, Pal A, et al. , 2011. Haemato-immunological and stress responses of *Labeo rohita* (Hamilton) fingerlings: effect of rearing temperature and dietary gelatinized carbohydrate [J] . Journal of Animal Physiology and Animal Nutrition, 95: 653-663.

Alexander JB, Ingram GA, 1992. Noncellular nonspecific defence mechanisms of fish [J]. Annual Review of Fish Diseases, 2: 249-279.

Álvarez CA, Guzmán F, Cárdenas C, et al. , 2014. Antimicrobial activity of trout hepcidin [J] . Fish & Shellfish Immunology, 41: 93-101.

Aly SM, Mohamed MF, John G, 2008. Effect of probiotics on the survival, growth and challenge infection in Tilapia nilotica (*Oreochromis niloticus*) [J] . Aquaculture Research, 39: 647-656.

Arena A M, Pavone B, Iannello D, et al. , 2006. Antiviral and immunoregulatory effect of a novel exopolysaccharide from a marine thermotolerant *Bacillus licheniformis* [J] . International Immunopharmacology, 6: 8-13.

Azokpota P, Hounhouigan DJ, Nago MC, et al. , 2006. Esterase and protease activities of *Bacillus* spp. from afitin, iru and sonru: three African locust bean (*Parkia biglobosa*) condiments from Benin [J] . African Journal of Biotechnology, 5: 265-272.

Baba S, Ohta A, Ohtsuki M, et al. , 1996. Fructooligosaccharides stimulate the absorption of magnesium from the hindgut in rats [J] . Nutrition Research, 16: 657-666.

Bachere E, Gueguen Y, Gonzalez M, et al. , 2004. Insights into the anti-microbial defense of marine invertebrates: the penaeid shrimps and the oyster *Crassostrea gigas* [J]. Immunological Reviews, 198: 149-168.

Bagheri T, Hedayati SA, Yavari V, et al. , 2008. Growth, survival and gut microbial load of rainbow trout (*Onchorhynchus mykiss*) fry given diet supplemented with probiotic during the two months of first feeding [J] . Turkish Journal of Fisheries and Aquatic Sciences, 8: 43-48.

Bagni M, Romano N, Finoia MG, et al. , 2005. Short- and long-term effects of a dietary yeast β-glucan (Macrogard) and alginic acid (Ergosan) preparation on immune response in sea bass (*Dicentrarchus labrax*) [J] . Fish & Shellfish Immunology, 18: 311-325.

Bagnyukova TV, Chahrak OI, Lushchak VI, 2006. Coordinated response of goldfish antioxidant defenses to environmental stress [J] . Aquatic Toxicology, 78: 325-331.

Bai N, Zhang W, Mai K, et al. , 2010. Effects of discontinuous administration of β-glucan and glycyrrhizin on the growth and immunity of white shrimp *Litopenaeus vannamei* [J]. Aquaculture, 306: 218-224.

Balcázar JL, de Blas I, Ruiz-Zarzuela I, et al. , 2007. Changes in intestinal microbiota and humoral immune response following probiotic administration in brown trout (*Salmo trutta*) [J] . British Journal of Nutrition, 97: 522-527.

Baldo BA, Fletcher TC, 1973. C-reactive protein-like precipitins in plaice [J] . Nature, 246: 145-146.

Barton BA, Iwama GK, 1991. Physiological changes in fish from stress in aquaculture with emphasis on the response and effects of corticosteroids [J] . Annual Review of Fish Disease, 1: 3-26.

Bartos JM, Sommer CV, 1981. *In vivo* cell mediated immune response to *M. tuberculosis* and *M. salmoniphilum* in rainbow trout (*Salmo gairdneri*) [J] . Developmental & Comparative Immunology, 5: 75-83.

Basha KA, Raman RP, Prasad KP, et al. , 2013. Effect of dietary supplemented andrographolide on growth, non-specific immune parameters and resistance against *Aeromonas hydrophila* in *Labeo rohita* (Hamilton) [J] . Fish & Shellfish Immunology, 35: 1433-1441.

Basu N, Nakano T, Grau E, et al. , 2001. The effects of cortisol on heat shock protein 70 levels in two fish species [J] . General and Comparative Endocrinology, 124: 97-105.

Bates JM, Mittge E, Kuhlman J, et al. , 2006. Distinct signals from the microbiota promote different aspects of zebrafish gut differentiation [J] . Developmental Biology, 297: 374-386.

Beitinger TL, Bennett WA, McCauley RW, 2000. Temperature tolerances of North American freshwater fishes exposed to dynamic changes in temperature [J]. Environmental Biology of Fish, 21: 237-275.

Bielecka M, Biedrzycka E, Majkowska A, et al. , 2002. Effect of non-digestible oligosaccharides on gut microecosystem in rats [J] . Food Research International, 35: 139-144.

Bird S, Zou J, Savan R, et al. , 2005. Characterisation and expression analysis of an interleukin 6 homologue in the Japanese pufferfish, *Fugu rubripes* [J] . Developmental & Comparative Immunology, 29: 775-789.

Bocchetti R, Lamberti CV, Pisanelli B, et al. , 2008. Seasonal variations of exposure biomarkers, oxidative stress responses and cell damage in the clams, *Tapes philippinarum*, and mussels, *Mytilus galloprovincialis*, from Adriatic sea [J] . Marine Environmental Research, 66: 24-26.

Bonga SW, 1997. The stress response in fish [J] . Physiological Reviews, 77: 591-625.

Bosman D, Deutz N, Maas M, et al., 1992. Amino acid release from cerebral cortex in experimental acute liver failure, studied by *in vivo* cerebral cortex microdialysis [J]. Journal of Neurochemistry, 59: 591-599.

Boudinot P, Blanco M, de Kinkelin P, et al., 1998. Combined DNA immunization with the glycoprotein gene of viral hemorrhagic septicemia virus and infectious hematopoietic necrosis virus induces double-specific protective immunity and nonspecific response in rainbow trout [J]. Virology, 249: 297-306.

Bricknell I, Dalmo RA, 2005. The use of immunostimulants in fish larval aquaculture [J]. Fish & Shellfish Immunology, 19: 457-472.

Brown CY, Lagnado CA, Vadas MA, et al., 1996. Differential regulation of the stability of cytokine mRNAs in lipopolysaccharide-activated blood monocytes in response to interleukin-10 [J]. Journal of Biological Chemistry, 271: 20108-20112.

Caput D, Beutler B, Hartog K, et al., 1986. Identification of a common nucleotide sequence in the 3′-untranslated region of mRNA molecules specifying inflammatory mediators [J]. Proceedings of the National Academy of Sciences, 83: 1670-1674.

Carnevali O, de Vivo L, Sulpizio R, et al., 2006. Growth improvement by probiotic in European sea bass juveniles (*Dicentrarchus labrax* L.), with particular attention to IGF-1, myostatin and cortisol gene expression [J]. Aquaculture, 258: 430-438.

Caspary WF, 1992. Physiology and pathophysiology of intestinal absorption [J]. The American Journal of Clinical Nutrition, 55: 299-308.

Castellana B, Iliev DB, Sepulcre MP, et al., 2008. Molecular characterization of interleukin-6 in the gilthead seabream (*Sparus aurata*) [J]. Molecular Immunology, 45: 3363-3370.

Cecchini S, Terova G, Caricato G, et al., 2000. Lysosome activity in embryos and larvae of sea bass (*Dicentrarchus labrax* L.), spawned by broodstocks fed with vitamin C enriched diets [J]. Bulletin of the European Association of Fish Pathologists, 20: 120-124.

Cerezuela R, Cuesta A, Meseguer J, et al., 2008. Effects of inulin on gilthead seabream (*Sparus aurata* L.) innate immune parameters [J]. Fish & Shellfish Immunology, 24: 663-668.

Chang CF, Chen HY, Su MS, et al., 2000. Immunomodulation by dietary β-1, 3-glucan in the brooders of the black tiger shrimp *Penaeus monodon* [J]. Fish & Shellfish Immunology, 10: 505-514.

Chang CF, Su MS, Chen HY, et al., 2003. Dietary β-1, 3-glucan effectively improves immunity and survival of *Penaeus monodon* challenged with white spot syndrome virus [J]. Fish & Shellfish Immunology, 15: 297-310.

Chen M, Yang H, Delaporte M, et al., 2007. Immune condition of *Chlamys farreri* in response to acute temperature challenge [J]. Aquaculture, 271: 479-487.

Cheng AC, Cheng SA, Chen YY, et al., 2009. Effects of temperature change on the innate cellular and humoral immune responses of orange-spotted grouper (*Epinephelus coioides*) and its susceptibility to *Vibrio alginolyticus* [J]. Fish & Shellfish Immunology, 26: 768-772.

Cheng TC, 1989. Immunology deficiency disease in marine mollusks: measurements of some variables [J]. Journal of Aquatic Animal Health, 1: 209-216.

Chilmonczyk S, 1992. The thymus in fish: development and possible function in the immune response [J]. Annual Review of Fish Diseases, 2: 181-200.

Ching B, Chew SF, Wong WP, et al., 2009. Environmental ammonia exposure induces oxidative stress in gills and brain of *Boleophthalmus boddarti* (mudskipper) [J]. Aquatic toxicology, 95: 202-212.

Ciji A, Sahu NP, Pal AK, et al., 2013. Physiological changes in *Labeo rohita* during nitrite exposure: Detoxification through dietary vitamin E [J]. Comparative Biochemistry and Physiology Part C: Toxicology & Pharmacology, 158: 122-129.

Costas B, Conceição LE, Aragão C, et al., 2011. Physiological responses of Senegalese sole (*Solea senegalensis* Kaup, 1858) after stress challenge: Effects on non-specific immune parameters, plasma free amino acids and energy metabolism [J]. Aquaculture, 316: 68-76.

Covello J, Bird S, Morrison R, et al., 2009. Cloning and expression analysis of three striped trumpeter (*Latris lineata*) pro-inflammatory cytokines, TNF-α, IL-1β and IL-8, in response to infection by the ectoparasitic, *Chondracanthus goldsmidi* [J]. Fish & Shellfish Immunology, 26: 773-786.

Cross ML, 2002. Microbes versus microbes: immune signals generated by probiotic lactobacilli and their role in protection against microbial pathogens [J]. FEMS Immunology & Medical Microbiology, 4: 245-253.

Cuesta A, Esteban MÁ, Meseguer J, 2003. *In vitro* effect of chitin particles on the innate cellular immune system of gilthead seabream (*Sparus aurata* L.) [J]. Fish & Shellfish Immunology, 15: 1-11.

Cuesta A, Meseguer J, Esteban MA, 2004. Total serum immunoglobulin M levels are affected by immunomodulators in seabream (*Sparus aurata* L.) [J]. Veterinary Immunology and Immunopathology, 101: 203-210.

Cui M, Zhang Q, Yao Z, et al., 2010. Immunoglobulin M gene expression analysis of orange-spotted grouper, *Epinephelus coioides*, following heat shock and *Vibrio alginolyticus* challenge [J]. Fish & Shellfish Immunology, 29: 1060-1065.

Dalmo R, Ingebrigtsen K, Bøgwald J, 1997. Non-specific defence mechanisms in fish, with particular reference to the reticuloendothelial system (RES) [J]. Journal of Fish Diseases, 20: 241-273.

Dang VT, Speck P, Benkendorff K, 2012. Influence of elevated temperatures on the immune response of abalone, *Haliotis rubra* [J]. Fish & Shellfish Immunology, 12: 732-740.

Daniels CL, Merrifield DL, Boothroyd DP, et al. , 2010. Effect of dietary *Bacillus* spp. and mannan oligosaccharides (MOS) on European lobster (*Homarus gammarus* L.) larvae growth performance, gut morphology and gut microbiota [J] . Aquaculture, 304: 49-57.

Das DK, Engelman RM, Kimura Y, 1993. Molecular adaptation of cellular defences following preconditioning of the heart by repeated ischaemia [J] . Cardiovascular Research, 27: 578-584.

De Staso Ⅲ J, Rahel FJ, 1994. Influence of water temperature on interactions between juvenile Colorado River cutthroat trout and brook trout in a laboratory stream [J]. Transactions of the American Fisheries Society, 123: 289-297.

Delzenne N, Aertssens J, Verplaetse H, et al. , 1995. Effect of fermentable fructooligosaccharides on mineral, nitrogen and energy digestive balance in the rat [J]. Life Sciences, 57: 1579-1587.

De Maio M, 1999. Heat shock proteins: facts, thoughts, and dreams [J] . Shock, 1: 1-12.

Devaraja TN, Yusoff FM, Shariff M, 2002. Changes in bacterial populations and shrimp production in ponds treated with commercial microbial products [J] . Aquaculture, 206: 245-256.

Dimitroglou A, Merrifield D, Moate R, et al. , 2009. Dietary mannan oligosaccharide supplementation modulates intestinal microbial ecology and improves gut morphology of rainbow trout, *Oncorhynchus mykiss* (Walbaum) [J] . Journal of Animal Science, 87: 3226-3334.

Dimitroglou A, Merrifield DL, Carnevali O, et al. , 2011. Microbial manipulations to improve fish health and production - a Mediterranean perspective [J] . Fish & Shellfish Immunology, 30: 1-16.

Dimitroglou A, Merrifield DL, Spring P, et al. , 2010. Effects of mannan oligosaccharide (MOS) supplementation on growth performance, feed utilisation, intestinal histology and gut microbiota of gilthead sea bream (*Sparus aurata*) [J] . Aquaculture, 300: 182-188.

Djouzi Z, Andiueux C, 1997. Compared effects of three oligosaccharides on metabolism of intestinal microflora in rats inoculated with a human faecal flora [J] . British Journal of Nutrition, 78: 313-324.

Dominguez M, Takemura A, Tsuchiya M, et al. , 2004. Impact of different environmental factors on the circulating immunoglobulin levels in the Nile tilapia, *Oreochromis niloticus* [J] . Aquaculture, 4: 491-500.

DuBeau SF, Pan F, Tremblay GC, et al. , 1998. Thermal shock of salmon *in vivo* induces the heat shock protein hsp 70 and confers protection against osmotic shock [J]. Aquaculture, 168: 311-323.

Dyrløv BJ, Nielsen H, von Heijne G, et al. , 2004. Improved prediction of signal peptides: SignalP 3. 0 [J] . Journal of Molecular Biology, 340: 783-795.

Elenkov IJ, Chrousos G, 2002. Stress hormones, pro-inflammatory and anti-inflammatory cytokines and autoimmunity [J]. Annals of the New York Academy of Sciences, 96: 290-303.

Ellis A, 1999. Immunity to bacteria in fish [J]. Fish & Shellfish Immunology, 9: 291-308.

Engelsma MY, Hougee S, Nap D, et al., 2003. Multiple acute temperature stress affects leucocyte populations and antibody responses in common carp, *Cyprinus carpio* L [J]. Fish & Shellfish Immunology, 15: 397-410.

Esiobu N, Armenta L, Ike J, 2002. Antibiotic resistance in soil and water environments [J]. International Journal of Environmental Health Research, 12: 133-144.

Esteban M, Cuesta A, Ortuno J, et al., 2001. Immunomodulatory effects of dietary intake of chitin on gilthead seabream (*Sparus aurata* L.) innate immune system [J]. Fish & Shellfish Immunology, 11: 303-315.

Fabbri E, Capuzzo A, Moon TW, 1998. The role of circulating catecholamines in the regulation of fish metabolism: an overview [J]. Comparative Biochemistry and Physiology Part C: Pharmacology, Toxicology and Endocrinology, 120: 177-179.

Farcy E, Serpentini A, Fiévet B, et al., 2007. Identification of cDNAs encoding HSP70 and HSP90 in the abalone *Haliotis tuberculata*: Transcriptional induction in response to thermal stress in hemocyte primary culture [J]. Comparative Biochemistry and Physiology Part B: Biochemistry Molecular Biology, 7: 540-550.

Farombi E, Adelowo O, Ajimoko Y, 2007. Biomarkers of oxidative stress and heavy metal levels as indicators of environmental pollution in African cat fish (*Clarias gariepinus*) from Nigeria Ogun River [J]. International Journal of Environmental Research and Public Health, 4: 158-165.

Fast MD, Hosoya S, Johnson SC, et al., 2008. Cortisol response and immune-related effects of Atlantic salmon (*Salmo salar Linnaeus*) subjected to short- and long-term stress [J]. Fish & Shellfish Immunology, 24: 194-204.

Feder ME, Hofmann GE, 1996. Heat-shock proteins, molecular chaperones, and the stress response: evolutionary and ecological physiology [J]. Annual Review of Physiology, 61: 243-282.

Fevolden SE, Røed K, Fjalestad K, et al., 1999. Poststress levels of lysozyme and cortisol in adult rainbow trout: heritabilities and genetic correlations [J]. Journal of Fish Biology, 54: 900-910.

Fletcher TC, 1982. Non-specific defence mechanisms of fish [J]. Development Comparative Immunology, 2: 123-132.

Fock W, Chen C, Lam T, et al., 2001. Roles of an endogenous serum lectin in the immune protection of blue gourami, *Trichogaster trichopterus* (Pallus) against *Aeromonas hydrophila* [J]. Fish & Shellfish Immunology, 11: 101-113.

Fooks LJ, Fuller R, Gibson GR, 1999. Prebiotics, probiotics and human gut microbiology. International Dairy Journal, 9: 53-61.

Fournier-Betz V, Quentel C, Lamour F, et al., 2000. Immunocytochemical detection of Ig-positive cells in blood, lymphoid organs and the gut associated lymphoid tissue of the turbot (*Scophthalmus maximus*) [J]. Fish & Shellfish Immunology, 10: 187-202.

Francis G, Makkar HPS, Becker K, 2002. Dietary supplementation with a Quillaja saponin mixture improves growth performance and metabolic efficiency in common carp (*Cyprinus carpio* L.) [J]. Aquaculture, 203: 311-320.

Fu D, Chen J, Zhang Y, et al., 2011. Cloning and expression of a heat shock protein (HSP) 90 gene in the haemocytes of *Crassostrea hongkongensis* under osmotic stress and bacterial challenge [J]. Fish & Shellfish Immunology, 11: 118-125.

Furne M, Hidalgo M, Lopez A, et al., 2005. Digestive enzyme activities in Adriatic sturgeon *Acipenser naccarii* and rainbow trout *Oncorhynchus mykiss*. A comparative study [J]. Aquaculture, 250: 391-398.

Gao Q, Zhao J, Song L, et al., 2008. Molecular cloning, characterization and expression of heat shock protein 90 gene in the haemocytes of bay scallop *Argopecten irradians* [J]. Fish & Shellfish Immunology, 8: 379-85.

Ghosh S, Karin M, 2002. Missing pieces in the NF-kB puzzle [J]. Cell, 109: 81-96.

Ghosh S, Sinha A, Sahu C, 2008. Dietary probiotic supplementation in growth and health of live-bearing ornamental fishes [J]. Aquaculture Nutrition, 14: 289-299.

Gibson GR, Probert HM, Van Loo J, et al., 2004. Dietary modulation of the human colonic microbiota: updating the concept of prebiotics [J]. Nutrition Research Reviews, 17: 259-275.

Gilliland S, Nelson C, Maxwell C, 1985. Assimilation of cholesterol by *Lactobacillus acidophilus* [J]. Applied and Environmental Microbiology, 49: 377-381.

Graham S, Secombes C, 1990. Do fish lymphocytes secrete interferon-γ? [J]. Journal of Fish Biology, 36: 563-573.

Grisdale-Helland B, Helland SJ, Gatlin III DM, 2008. The effects of dietary supplementation with mannanoligosaccharide, fructooligosaccharide or galactooligosaccharide on the growth and feed utilization of Atlantic salmon (*Salmo salar*) [J]. Aquaculture, 283: 163-167.

Grutter A, Pankhurst N, 2000. The effects of capture, handling, confinement and ectoparasite load on plasma levels of cortisol, glucose and lactate in the coral reef fish *Hemigymnus melapterus* [J]. Journal of Fish Biology, 57: 391-401.

Guerreiro I, Pérez-Jiménez A, Costas B, et al., 2014. Effect of temperature and short chain fructooligosaccharides supplementation on the hepatic oxidative status and immune response of turbot (*Scophthalmus maximus*) [J]. Fish & Shellfish Immunology, 40: 570-576.

Guigoz Y, Rochat F, Perruisseau-Carrier G, et al., 2002. Effects of oligosaccharide on the faecal flora and non-specific immune system in elderly people [J]. Nutrition Research,

22: 13-25.

Haegeman G, Content J, Volckaert G, et al., 1986. Structural analysis of the sequence coding for an inducible 26-kDa protein in human fibroblasts [J]. European Journal of Biochemistry, 159: 625-632.

Hakim Y, Uni Z, Hulata G, et al., 2006. Relationship between intestinal brush border enzymatic activity and growth rate in tilapias fed diets containing 30% or 48% protein [J]. Aquaculture, 257: 420-428.

Harris JO, Maguire GB, Edwards S, et al., 1998. Effect of ammonia on the growth rate and oxygen consumption of juvenile greenlip abalone, *Haliotis laevigata* Donovan [J]. Aquaculture, 160: 259-272.

Hartemink R, Van Laere KLJ, Rombouts FM, 1997. Growth of enterobacteria on fructooligosaccharides [J]. Journal of Applied Microbiology, 3: 367-374.

Heinrich PC, Castell JV, Andus T, 1990. Interleukin-6 and the acute phase response [J]. Biochemical Journal, 265: 621-636.

Hermenegildo C, Monfort P, Felipo V, 2000. Activation of N-methyl-D-aspartate receptors in rat brain *in vivo* following acute ammonia intoxication: Characterization by *in vivo* brain microdialysis [J]. Hepatology, 31: 709-715.

Hirano T, 1998. Interleukin 6 and its receptor: ten years later [J]. International Reviews of Immunology, 16: 249-284.

Hirono I, Kondo H, Koyama T, et al., 2007. Characterization of Japanese flounder (*Paralichthys olivaceus*) NK-lysin, an antimicrobial peptide [J]. Fish & Shellfish Immunology, 5: 567-575.

Holland MC, Lambris DJ, 2002. The complement system in teleosts [J]. Fish & Shellfish Immunology, 12: 399-420.

Hooper C, Day R, Slocombe R, et al., 2007. Stress and immune responses in abalone: limitations in current knowledge and investigative methods based on other models [J]. Fish & Shellfish Immunology, 22: 363-379.

Hoseinifar S, Mirvaghefi A, Mojazi AB, et al., 2011. The effects of oligofructose on growth performance, survival and autochthonous intestinal microbiota of beluga (*Huso huso*) juveniles [J]. Aquaculture Nutrition, 17: 498-504.

Hoseinifar SH, Mirvaghefi A, Merrifield DL, et al., 2011. The study of some haematological and serum biochemical parameters of juvenile beluga (*Huso huso*) fed oligofructose [J]. Fish Physiology and Biochemistry, 37: 91-96.

Hou YY, Han XD, 2001. Effects of temperature and steroid hormones on immunoglobulin M (IgM) in Immature rainbow trout, *Oncorhynchus mykiss* [J]. Journal of Nanjing University (Natural Sciences), 5: 563-568.

Houdijk J, Bosch M, Verstegen M, et al., 1998. Effects of dietary oligosaccharides on the growth performance and faecal characteristics of young growing pigs [J]. Animal Feed

Science and Technology, 71: 35-48.

Huggett AC, Ford CP, 1989. Effects of interleukin-6 on the growth of normal and transformed rat liver cells in culture [J]. Growth Factors, 2: 83-89.

Ibrahem MD, Fathi M, Mesalhy S, et al., 2010. Effect of dietary supplementation of inulin and vitamin C on the growth, hematology, innate immunity, and resistance of Nile tilapia (Oreochromis niloticus) [J]. Fish & Shellfish Immunology, 29: 241-246.

Ichikawa H, Kuroiwa T, Inagaki A, et al., 1999. Probiotic bacteria stimulate gut epithelial cell proliferation in rat [J]. Digestive Diseases and Sciences, 44: 2119-2123.

Ikebuchi K, Wong GG, Clark SC, et al., 1987. Interleukin 6 enhancement of interleukin 3-dependent proliferation of multipotential hemopoietic progenitors [J]. Proceedings of the National Academy of Sciences, 84: 9035-9039.

Ishimi Y, Miyaura C, Jin CH, et al., 1990. IL-6 is produced by osteoblasts and induces bone resorption [J]. The Journal of Immunology, 145: 3297-3303.

Israeli-Weinstein D, Kimmel E, 1998. Behavioral response of carp (Cyprinus carpio) to ammonia stress [J]. Aquaculture, 165: 81-93.

Israelson O, Petersson A, Bengten E, et al., 1991. Immunoglobulin concentration in Atlantic cod, Gadus morhua L., serum and cross-reactivity between anti-cod-antibodies and immunoglobulins from other species [J]. Journal of Fish Biology, 39: 265-278.

Ivanina A, Taylor C, Sokolova I, 2009. Effects of elevated temperature and cadmium exposure on stress protein response in eastern oysters Crassostrea virginica (Gmelin) [J]. Aquatic Toxicology, 3: 245-254.

Jørgensen JB, Lunde H, Jensen L, et al., 2000. Serum amyloid A transcription in Atlantic salmon (Salmo salar L.) hepatocytes is enhanced by stimulation with macrophage factors, recombinant human IL-1β, IL-6 and TNFα or bacterial lipopolysaccharide [J]. Developmental & Comparative Immunology, 24: 553-563.

Jaskari J, Kontula P, Siitonen A, et al., 1998. Oat β-glucan and xylan hydrolysates as selective substrates for Bifidobacterium and Lactobacillus strains [J]. Appllied Microbiology and Biotechnology, 49: 175-181.

Jeney G, Galeotti, M, Volpatti D, et al., 1997. Prevention of stress in rainbow trout (Oncorhynchus mykiss) fed diets containing different doses of glucan [J]. Aquaculture, 1: 1-15.

Jeney G, Nemcsok J, Jeney Z, et al., 1992. Acute effect of sublethal ammonia concentrations on common carp (Cyprinus carpio L.). II. Effect of ammonia on blood plasma transaminases (GOT, GPT), G1DH enzyme activity, and ATP value [J]. Aquaculture, 104: 149-156.

Jiang G, Yu R, Zhou M, 2004. Modulatory effects of ammonia-N on the immune system of Penaeus japonicus to virulence of white spot syndrome virus [J]. Aquaculture, 241: 61-75.

Jovanović-Galović A, Blagojevic DP, Grubor-Lajšić G, et al. , 2004. Role of antioxidant defense during different stages of preadult life cycle in European corn borer (*Ostrinia nubilalis*, Hubn.): diapause and metamorphosis [J] . Archives of Insect Biochemistry Physiology, 55: 79 - 89.

Kailasapathy K, Chin J, 2000. Survival and therapeutic potential of probiotic organisms with reference to *Lactobacillus acidophilus* and *Bifidobacterium* spp. [J] . Immunology and Cell Biology, 78: 80-88.

Kaneko T, Yokoyama A, Suzuki M, 1995. Digestibility characteristics of isomaltooligosaccharides in comparison with several saccharides using the rat jejunum loop method [J] . Biosciences Biotechnology and Biochemistry, 59: 1190-1194.

Kim DH, Austin B, 2006. Innate immune responses in rainbow trout (*Oncorhynchus mykiss*, Walbaum) induced by probiotics [J] . Fish & Shellfish Immunology, 21: 513-524.

Kohen R, Nyska A, 2002. Invited review: Oxidation of biological systems: oxidative stress phenomena, antioxidants, redox reactions, and methods for their quantification [J]. Toxicologic Pathology, 30: 620-650.

Kok NN, Taper HS, Delzenne NM, 1998. Oligofructose modulates lipid metabolism alterations induced by a fat-rich diet in rats [J] . Journal of Applied Toxicology, 18: 47-53.

Kono T, Bird S, Sonoda K, et al. , 2008. Characterization and expression analysis of an interleukin-7 homologue in the Japanese pufferfish, *Takifugu rubripes* [J] . FEBS Journal, 275: 1213-1226.

Laiz-Carrión R, Sangiao-Alvarellos S, Guzmán JM, et al. , 2002. Energy metabolism in fish tissues related to osmoregulation and cortisol action [J] . Fish Physiology and Biochemistry, 27: 179-188.

Laudicina DC, Marnett LJ, 1990. Enhancement of hydroperoxide-dependent lipid peroxidation in rat liver microsomes by ascorbic acid [J] . Archives of Biochemistry Biophysics, 1: 73-80.

Le Morvan C, Clerton P, Deschaux P, et al. , 1997. Effects of environmental temperature on macrophage activities in carp [J] . Fish & Shellfish Immunology, 7: 209-212.

Le Ruyet JP, Boeuf G, Infante JZ, et al. , 1998. Short-term physiological changes in turbot and seabream juveniles exposed to exogenous ammonia [J] . Comparative Biochemistry and Physiology Part A: Molecular & Integrative Physiology, 119: 511-518.

Lehrer RI, Ganz T, 2002. Defensins of vertebrate animals [J] . Current Opinion in Immunology, 14: 96-102.

Leiro J, Ortega M, Siso M, et al. , 1997. Effects of chitinolytic and proteolytic enzymes on *in vitro* phagocytosis of microsporidians by spleen macrophages of turbot, *Scophthalmus maximus* L. [J] . Veterinary Immunology and Immunopathology, 59: 171-180.

Lele Z, Engel S, Krone PH, 1997. hsp47 and hsp70 gene expression is differentially regulated in a stress-and tissue-specific manner in zebrafish embryos [J]. Developmental Genetics, 21: 123-133.

Lemarié G, Dosdat A, Covès D, et al., 2004. Effect of chronic ammonia exposure on growth of European seabass (*Dicentrarchus labrax*) juveniles [J]. Aquaculture, 229: 479-491.

Leppa S, Sistonen L, 1997. Heat shock response-pathophysiological implications [J]. Annals of Medicine, 2: 73-78.

Lesser MP, 2006. Oxidative stress in marine environments: biochemistry and physiological ecology [J]. Annual Reviews of Physiology, 68: 253-278.

Li M, Chen L, Qin JG, et al., 2013. Growth performance, antioxidant status and immune response in darkbarbel catfish *Pelteobagrus vachelli* fed different PUFA/vitamin E dietary levels and exposed to high or low ammonia [J]. Aquaculture, 406-407: 18-27.

Li P, Burr GS, Gatlin DM, et al., 2007. Dietary supplementation of short-chain fructooligosaccharides influences gastrointestinal microbiota composition and immunity characteristics of pacific white shrimp, *Litopenaeus vannamei*, cultured in a recirculating system [J]. The Journal of Nutrition, 137: 2763-2768.

Li P, Gatlin Ⅲ DM, 2004. Dietary brewers yeast and the prebiotic Grobiotic™ AE influence growth performance, immune responses and resistance of hybrid striped bass (*Morone chrysops* × *M. saxatilis*) to *Streptococcus iniae* infection [J]. Aquaculture, 231: 445-456.

Li P, Wang X, Gatlin Ⅲ DM, 2008. RRR-α-Tocopheryl succinate is a less bioavailable source of vitamin E than all-rac-α-tocopheryl acetate for red drum, *Sciaenops ocellatus* [J]. Aquaculture, 280: 165-169.

Li R, Brawley S, 2004. Improved survival under heat stress in intertidal embryos (*Fucus* spp.) simultaneously exposed to hypersalinity and the effect of parental thermal history [J]. Marine Biology, 144: 205-213.

Li SX, Wang ZH, Stewart BA, 2013. Responses of Crop Plants to Ammonium and Nitrate N [C] //Donald LS. Advances in Agronomy. Waltham, MA, USA: Elsevier Academic Press, 205-397.

Li WF, Zhang XP, Song WH, et al., 2012. Effects of *Bacillus* preparations on immunity and antioxidant activities in grass carp (*Ctenopharyngodon idellus*) [J]. Fish Physiology Biochemistry, 6: 1585-1592.

Li X, Ma Y, Liu X, 2007. Effect of the *Lycium barbarum* polysaccharides on age-related oxidative stress in aged mice [J]. Journal of Ethnopharmacology, 111: 504-511.

Liang T, Ji W, Zhang GR, et al., 2013. Molecular cloning and expression analysis of liver-expressed antimicrobial peptide 1 (LEAP-1) and LEAP-2 genes in the blunt snout bream (*Megalobrama amblycephala*) [J]. Fish & Shellfish Immunology, 35: 553-563.

Lin MY, Yen C, 1999. Antioxidative ability of lactic acid bacteria [J] . Journal of Agricultural and Food Chemistry, 47: 1460-1466.

Lindquist S, 1986. The heat-shock response [J] . Annual Review of Biochemistry, 55: 1151-1191.

Liu T, Gao Y, Wang R, et al. , 2014. Characterization, evolution and functional analysis of the liver-expressed antimicrobial peptide 2 (LEAP-2) gene in miiuy croaker [J] . Fish & Shellfish Immunology, 41: 191-199.

Livingstone D, 2003. Oxidative stress in aquatic organisms in relation to pollution and aquaculture [J] . Revue de Medecine Veterinaire, 154: 427-430.

Lomax AR, Calder PC, 2009. Prebiotics, immune function, infection and inflammation: a review of the evidence [J] . British Journal of Nutrition, 101: 633-658.

Lushchak VI, Bagnyukova TV, 2006. Effects of different environmental oxygen levels on free radical processes in fish [J] . Comparative Biochemistry and Physiology Part B: Biochemistry and Molecular Biology, 144: 283-289.

Lushchak VI, Bagnyukova TV, 2006. Temperature increase results in oxidative stress in goldfish tissues. 1. Indices of oxidative stress [J] . Comparative Biochemistry and Physiology Part C: Toxicology & Pharmacology, 143: 30-35.

MacMillan J, 2001. Aquaculture and antibiotic resistance: A negligible public health risk? [J]. World Aquaculture, 32: 49-50.

Magnadottir B, 2010. Immunological control of fish diseases [J] . Marine Biotechnology, 12: 361-379.

Mahious A, Gatesoupe F, Hervi M, et al. , 2006. Effect of dietary inulin and oligosaccharides as prebiotics for weaning turbot, *Psetta maxima* (Linnaeus, 1758) [J]. Aquaculture International, 14: 219-229.

Malloy KD, Targett TE, 1991. Feeding, growth and survival of juvenile summer flounder *Paralichthys dentatus*: experimental analysis of the effects of temperature and salinity [J]. Marine Ecology Progress Series, 72: 213-223.

Manning MJ, Grace MF, Secombes CJ, 1982. Ontogenetic aspects of tolerance and immunity in carp and rainbow trout: studies on the role of the thymus [J] . Developmental Comparative Immunology, 2: 75-82.

Mansour MR, Akrami R, Ghobadi S, et al. , 2012. Effect of dietary mannan oligosaccharide (MOS) on growth performance, survival, body composition, and some hematological parameters in giant sturgeon juvenile [*Huso huso* (Linnaeus, 1754)] [J]. Fish Physiology and Biochemistry, 38: 829-835.

Martinez-Alvarez RM, Morales ZAE, Sanz A, 2005. Antioxidant defenses in fish: biotic and abiotic factors [J] . Reviews in Fish Biology and Fisheries, 15: 75-88.

Matsuo K, Miyazono I, 1993. The influence of long-term administration of peptidoglycan on disease resistance and growth of juvenile rainbow trout [J] . Bulletin of the Japanese

Society of Scientific Fisheries, 59: 1377-1379.

Maule A, Tripp R, Kaattari S, et al., 1989. Stress alters immune function and disease resistance in chinook salmon (*Oncorhynchus tshawytscha*) [J]. Journal of Endocrinology. 1989, 120: 135-142.

Mehler MF, Kessler JA, 1997. Hematolymphopoietic and inflammatory cytokines in neural development [J]. Trends in Neurosciences, 20: 357-365.

Merrifield D, Dimitroglou A, Bradley G, et al., 2009. Soybean meal alters autochthonous microbial populations, microvilli morphology and compromises intestinal enterocyte integrity of rainbow trout, *Oncorhynchus mykiss* (Walbaum) [J]. Journal of Fish Diseases, 32: 755-766.

Merrifield DL, Dimitroglou A, Foey A, et al., 2010. The current status and future focus of probiotic and prebiotic applications for salmonids [J]. Aquaculture, 302: 1-18.

Ming J, Xie J, Xu P, et al., 2012. Effects of emodin and vitamin C on growth performance, biochemical parameters and two HSP70s mRNA expression of Wuchang bream (*Megalobrama amblycephala* Yih) under high temperature stress [J]. Fish & Shellfish Immunology, 8: 651-661.

Minton JE, 1994. Function of the hypothalamic-pituitary-adrenal axis and the sympathetic nervous system in models of acute stress in domestic farm animals [J]. Journal of Animal Science, 72: 1891-1898.

Misra S, Sahu N, Pal A, et al., 2006. Pre-and post-challenge immuno-haematological changes in *Labeo rohita* juveniles fed gelatinised or non-gelatinised carbohydrate with n-3 PUFA [J]. Fish & Shellfish Immunology, 21: 346-356.

Mommsen TP, Vijayan MM, Moon TW, 1999. Cortisol in teleosts: dynamics, mechanisms of action, and metabolic regulation [J]. Review in Fish Biology and Fisher, 9: 211-268.

Moriarty D, 1996. Microbial biotechnology-a key ingredient for sustainable aquaculture [J]. Infofish International, 6: 29-33.

Morimoto R, 1998. Regulation of the heat shock transcriptional response: cross talk between a family of heat shock factors, molecular chaperones, and negative regulators [J]. Genes & Development, 12: 3788-3796.

Morrow W, Pulsford A, 1980. Identification of peripheral blood leucocytes of the dogfish (*Scyliorhinus canicula* L.) by electron microscopy [J]. Journal of Fish Biology, 17: 461-475.

Munoz M, Cedeño R, Rodriguez J, et al., 2000. Measurement of reactive oxygen intermediate production in haemocytes of the penaeid shrimp, *Penaeus vannamei* [J]. Aquaculture, 191: 89-107.

Naka T, Nishimoto N, Kishimoto T, 2002. The paradigm of IL-6: from basic science to medicine. Arthritis Research, 4: S233-S242.

Nakano T, Tomlinson N, 1967. Catecholamine and carbohydrate concentrations in rainbow trout (*Salmo gairdneri*) in relation to physical disturbance [J]. Journal of the Fisheries research Board of Canada, 45: 1701-1715.

Nakayama A, Kurokawa Y, Harino H, et al., 2007. Effects of tributyltin on the immune system of Japanese flounder (*Paralichthys olivaceus*) [J]. Aquatic Toxicology, 83: 126-133.

Nam BH, Byon JY, Kim YO, et al., 2007. Molecular cloning and characterisation of the flounder (*Paralichthys olivaceus*) interleukin-6 gene. Fish & Shellfish Immunology, 23: 231-236.

Nayak SK, Swain P, Mukherjee SC, 2007. Effect of dietary supplementation of probiotic and vitamin C on the immune response of Indian major carp, *Labeo rohita* (Ham.) [J]. Fish & Shellfish Immunology, 23: 892-896.

Nayak SK, 2010. Probiotics and immunity: A fish perspective [J]. Fish & Shellfish Immunology, 29: 2-14.

Nikoskelainen S, Bylund G, Lilius EM, 2004. Effect of environmental temperature on rainbow trout (*Oncorhynchus mykiss*) innate immunity [J]. Developmental & Comparative Immunology, 28: 581-592.

Niu J, Lin HZ, Jiang SG, et al., 2013. Comparison of effect of chitin, chitosan, chitosan oligosaccharide and N-acetyl-D-glucosamine on growth performance, antioxidant defenses and oxidative stress status of *Penaeus monodon* [J]. Aquaculture, 372-375: 1-8.

Nogueira C, Quinhones E, Jung E, et al., 2003. Anti-inflammatory and antinociceptive activity of diphenyl diselenide [J]. Inflammation Research, 52: 56-63.

Nya EJ, Austin B, 2009. Use of garlic, *Allium sativum*, to control *Aeromonas hydrophila* infection in rainbow trout, *Oncorhynchus mykiss* (Walbaum) [J]. Journal of Fish Diseases, 32: 963-970.

Okazaki M, Fujikawa S, Matsumoto N, 1990. Effects of xylooligosaccharide on growth of bifidobacteria [J]. Journal of the Japanese Society of Nutrition and Food Science, 43: 395-401.

Olano-Martin E, Mountzouris KC, Gibson GR, et al., 2000. *In vitro* fermentability of dextran, oligodextran and maltodextrin by human gut bacteria [J]. British Journal of Nutrition, 83: 247-255.

Ortiz-Muniz G, Sigel M, 1971. Antibody synthesis in lymphoid organs of two marine teleosts [J]. Journal of the Reticuloendothelial Society, 9: 42-52.

Ortuño J, Cuesta A, Rodríguez A, et al., 2002. Oral administration of yeast, *Saccharomyces cerevisiae*, enhances the cellular innate immune response of gilthead seabream (*Sparus aurata* L.) [J]. Veterinary Immunology and Immunopathology, 85: 41-50.

Pérez-Casanova J, Rise M, Dixon B, et al., 2008. The immune and stress responses of Atlantic cod to long-term increases in water temperature [J]. Fish & Shellfish

Immunolog, 24: 600-609.

Palachek R, Tomasso J, 1984. Nitrite toxicity to fathead minnows: effect of fish weight [J]. Bulletin of Environmental Contamination and Toxicology, 32: 238-242.

Palmisano AN, Winton JR, Dickhoff WW, 2000. Tissue-specific induction of Hsp90 mRNA and plasma cortisol response in chinook salmon following heat shock, seawater challenge, and handling challenge [J]. Marine Biotechnology, 2: 329-338.

Pan X, Wu T, Zhang L, et al., 2009. Influence of oligosaccharides on the growth and tolerance capacity of lactobacilli to simulated stress environment [J]. Letters in applied microbiology, 48: 362-367.

Panigrahi A, Kiron V, Kobayashi T, et al., 2004. Immune responses in rainbow trout *Oncorhynchus mykiss* induced by a potential probiotic bacteria *Lactobacillus rhamnosus* JCM 1136 [J]. Veterinary Immunology and Immunopathology, 102: 379-388.

Parihar M, Dubey A, 1995. Lipid peroxidation and ascorbic acid status in respiratory organs of male and female freshwater catfish *Heteropneustes fossilis* exposed to temperature increase [J]. Comparative Biochemistry and Physiology Part C: Pharmacology, Toxicology and Endocrinology, 112: 309-313.

Parvez S, Raisuddin S, 2005. Protein carbonyls: novel biomarkers of exposure to oxidative stress-inducing pesticides in freshwater fish *Channa punctata* (Bloch) [J]. Environmental Toxicology and Pharmacology, 20: 112-117.

Passos LML, Park YK, 2003. Fructooligosaccharides: implications in human health being and use in foods [J]. Ciencia Rural, 33: 385-390.

Paul Y, Weiss A, Adermann K, et al., 1998. Translocation of acylated pardaxin into cells [J]. FEBS Letters, 440: 131-134.

Perdigon G, Alvarez S, Nader de Macias M, et al., 1990. The oral administration of lactic acid bacteria increases the mucosal intestinal immunity in response to enteropathogens [J]. Journal of food Protection, 53: 404-410.

Perez-Casanova J, Murray H, Gallant J, et al., 2006. Development of the digestive capacity in larvae of haddock (*Melanogrammus aeglefinus*) and Atlantic cod (*Gadus morhua*) [J]. Aquaculture, 251: 377-401.

Pharmaceutiques UDL, 1995. Dietary modulation of the human colonie microbiota: introducing the concept of prebiotics [J]. Journal of Nutrition, 125: 1401-1412.

Pouny Y, Rapaport D, Mor A, et al., 1992. Interaction of antimicrobial dermaseptin and its fluorescently labeled analogs with phospholipid membranes [J]. Biochemistry, 31: 12416-12423.

Pryor G, Royes J, Chapman F, et al., 2003. Mannan oligosaccharides in fish nutrition: effects of dietary supplementation on growth and gastrointestinal villi structure in Gulf of Mexico sturgeon [J]. North American Journal of Aquaculture, 65: 106-111.

Qiang J, Xu P, He J, et al., 2011. The combined effects of external ammonia and crowding stress on growth and biochemical activities in liver of (GIFT) Nile tilapia juvenile (*Oreochromis niloticus*) [J] . Journal of Fisheries of China, 12: 1837-1848.

Racotta IS, Hernández-Herrera R, 2000. Metabolic responses of the white shrimp, *Penaeus vannamei*, to ambient ammonia [J] . Comparative Biochemistry and Physiology Part A: Molecular & Integrative Physiology, 125: 437-443.

Rahmat A, Abu Bakar M, Faezah N, et al. , 2004. The effects of consumption of guava (*Psidium guajava*) or papaya (*Carica papaya*) on total antioxidant and lipid profile in normal male youth [J] . Asia Pacific Journal of Clinical Nutrition, 13: 106

Rašic JL, Vujicic I, Skrinjar M, et al. , 1992. Assimilation of cholesterol by some cultures of lactic acid bacteria and bifidobacteria [J] . Biotechnology Letters, 14: 39-44.

Ray A, Tatter SB, Santhanam U, et al. , 1989. Regulation of Expression of Interleukin-6 [J] . Annals of the New York Academy of Sciences, 557: 353-362.

Reddy BS, 1999. Possible mechanisms by which pro-and prebiotics influence colon carcinogenesis and tumor growth [J] . The Journal of Nutrition, 129: 1478S-1482S.

Reddy PS, Corley RB, 1999. The contribution of ER quality control to the biologic functions of secretory IgM [J] . Immunoloy Today, 9: 582-588.

Refstie S, Bakke-McKellep AM, Penn MH, et al. , 2006. Capacity for digestive hydrolysis and amino acid absorption in Atlantic salmon (*Salmo salar*) fed diets with soybean meal or inulin with or without addition of antibiotics [J] . Aquaculture, 261: 392-406

Reite O, 1998. Mast cells/eosinophilic granule cells of teleostean fish: a review focusing on staining properties and functional responses [J] . Fish & Shellfish Immunology, 8: 489-513.

Remen M, Imsland AK, Stefansson SO, et al. , 2008. Interactive effects of ammonia and oxygen on growth and physiological status of juvenile Atlantic cod (*Gadus morhua*) [J]. Aquaculture, 274: 292-299.

Rengpipat S, Phianphak W, Piyatiratitivorakul S, et al. , 1998. Effects of a probiotic bacterium on black tiger shrimp *Penaeus monodon* survival and growth [J] . Aquaculture, 167: 301-313.

Rengpipat S, Rukpratanporn S, Piyatiratitivorakul S, et al. , 2000. Immunity enhancement in black tiger shrimp (*Penaeus monodon*) by a probiont bacterium (*Bacillus* S11) [J]. Aquaculture, 191: 271-288.

Rhoads JM, Chen W, Chu P, et al. , 1994. L-glutamine and L-asparagine stimulate Na^{+}-H^{+} exchange in porcine jejunal enterocytes [J] . American Journal of Physiology-Gastrointestinal and Liver Physiology, 266: G828-G838.

Ringø E, Gatesoupe FJ, 1998. Lactic acid bacteria in fish: a review [J] . Aquaculture, 160: 177-203.

Ringø E, Sperstad S, Myklebust R, et al. , 2006. The effect of dietary inulin on aerobic bacteria associated with hindgut of Arctic charr (*Salvelinus alpinus* L.) [J] . Aquaculture

Research，37：891-897.

Ringø E，Salinas I，Olsen R，et al.，2007. Histological changes in intestine of Atlantic salmon (*Salmo salar* L.) following *in vitro* exposure to pathogenic and probiotic bacterial strains [J] . Cell and Tissue Research，328：109-116.

Ringø E，Olsen RE，Gifstad T，et al.，2010. Prebiotics in aquaculture：a review [J]. Aquaculture Nutrition，16：117-136.

Roberfroid M，2007. Prebiotics：the concept revisited [J] . The Journal of Nutrition，137：830-837.

Robertsen B，1999. Modulation of the non-specific defence of fish by structurally conserved microbial polymers [J] . Fish & Shellfish Immunology，9：269-290.

Roller M，Rechkemmer G，Watzl B，2004. Prebiotic inulin enriched with oligofructose in combination with the probiotics *Lactobacillus rhamnosus* and *Bifidobacterium lactis* modulates intestinal immune functions in rats [J] . The Journal of Nutrition，134：153-156.

Romano N，Taverne-Thiele J，Van Maanen J，et al.，1997. Leucocyte subpopulations in developing carp (*Cyprinus carpio* L.)：immunocytochemical studies [J] . Fish & Shellfish Immunology，7：439-453.

Russell N，Fish J，Wootton R，1996. Feeding and growth of juvenile sea bass：the effect of ration and temperature on growth rate and efficiency [J] . Journal of Fish Biology，49：206-220.

Ruyet J，Lamers A，Roux Al，et al.，2003. Long-term ammonia exposure of turbot：effects on plasma parameters [J] . Journal of Fish Biology，62：879-894.

Sáenz de Rodrigáñez M，Diaz-rosales P，Chabrillón M，et al.，2009. Effect of dietary administration of probiotics on growth and intestine functionality of juvenile Senegalese sole (*Solea senegalensis*，Kaup 1858) [J] . Aquaculture Nutrition，15：177-185.

Sahoo P，Mukherjee S，2002. The effect of dietary immunomodulation upon *Edwardsiella tarda* vaccination in healthy and immunocompromised Indian major carp (*Labeo rohita*) [J] . Fish & Shellfish Immunology，12：1-16.

Sakai M，1999. Current research status of fish immunostimulants [J] . Aquaculture，172：63-92.

Sakata T，Sakagucha A，1995. Calcium and magnesium absorption from the colon and rectum are increased in rats fed fructooligosaccharides [J] . Journal of Nutrition，125：2417-2424.

Sakata T，1987. Stimulatory effect of short-chain fatty acids on epithelial cell proliferation in the rat intestine：a possible explanation for trophic effects of fermentable fibre，gut microbes and luminal trophic factors [J] . British Journal of Nutrition，58：95-103.

Salze G，McLean E，Schwarz M，et al.，2008. Dietary mannan oligosaccharide enhances salinity tolerance and gut development of larval cobia [J] . Aquaculture，274：148-152.

Samuel J, Kelberman D, Smith A, et al. , 2008. Identification of a novel regulatory region in the interleukin-6 gene promoter [J] . Cytokine, 42: 256-264.

Sang H, Fotedar R, Filer K, 2011. Effects of dietary mannan oligosaccharide on the survival, growth, immunity and digestive enzyme activity of freshwater crayfish, *Cherax destructor* Clark (1936) [J] . Aquaculture Nutrition, 17: e629-e635.

Santoro MG, 2000. Heat shock factors and the control of the stress response [J]. Biochemistry Pharmacology, 59: 55-63.

Sapolsky RM, Romero LM, Munck AU, 2000. How do glucocorticoids influence stress responses? Integrating permissive, suppressive, stimulatory, and preparative actions [J]. Endocrine Reviews, 5: 55-89.

Satoh T, Nakamura S, Taga T, et al. , 1988. Induction of neuronal differentiation in PC12 cells by B-cell stimulatory factor 2/interleukin 6 [J] . Molecular and Cellular Biology, 8: 3546-3459.

Saulnier D, Spinler JK, Gibson GR, et al. , 2009. Mechanisms of probiosis and prebiosis: considerations for enhanced functional foods [J] . Current Opinion in Biotechnology, 20: 135-141.

Savage T, Cotter P, Zakrzewska E, 1996. The effect of feeding a mannan oligosaccharide on immunoglobulins, plasma IgG and bile IgA of Wrolstad MW male turkeys [J] . Poultry Science, 75: 143.

Scapigliati G, Buonocore F, Mazzini M, 2006. Biological activity of cytokines: an evolutionary perspective [J] . Current Pharmaceutical Design, 12: 3071-3081.

Scheppach W, 1994. Effects of short chain fatty acids on gut morphology and function [J]. Gut, 35: S35-S38.

Schlapbach C, Yawalkar N, Hunger RE, 2009. Human [beta] -defensin-2 and psoriasin are overexpressed in lesions of acne inversa [J] . Journal of the American Academy of Dermatology, 1: 58-65.

Scholz-Ahrens KE, Ade P, Marten B, et al. , 2007. Prebiotics, probiotics, and synbiotics affect mineral absorption, bone mineral content, and bone structure [J] . The Journal of Nutrition, 137: 838-846.

Secombes C, Manning J, 1980. Comparative studies on the immune system of fishes and amphibians: antigen localization in the carp *Cyprinus carpio* L [J] . Journal of Fish Diseases, 3: 399-412.

Selvakumar S, Geraldine P, 2005. Heat shock protein induction in the freshwater prawn *Macrobrachium malcolmsonii*: acclimation-influenced variations in the induction temperatures for Hsp70 [J] . Comparative Biochemistry and Physiology Part A: Molecular & Integrative Physiology, 140: 209-215.

Sheikhzadeh N, Tayefi-Nasrabadi H, Oushani AK, et al. , 2012. Effects of *Haematococcus pluvialis* supplementation on antioxidant system and metabolism in rainbow trout

(*Oncorhynchus mykiss*) [J]. Fish Physiology and Biochemistry, 38: 413-419.

Shen WY, Fu LL, Li WF, et al., 2010. Effect of dietary supplementation with *Bacillus subtilis* on the growth, performance, immune response and antioxidant activities of the shrimp (*Litopenaeus vannamei*) [J]. Aquaculture Research. 2010, 41: 1691-1698.

Sissons JW, 1989. Potential of probiotic organisms to prevent diarrhoea and promote digestion in farm animals - a review [J]. Journal of the Science of Food and Agriculture, 49: 1-13.

Siwicki A, Studnicka M, 1987. The phagocytic ability of neutrophils and serum lysozyme activity in experimentally infected carp, *Cyprinus carpio* L [J]. Journal of Fish Biology, 31: 57-60.

Skowyra D, Georgopoulos C, Zylicz M, 1990. The *E. coli* dnak gene product, the hsp70 homolog, can reactivate heat-inactivated RNA polymerase in an ATP hydrolysis-dependent manner [J]. Cell, 62: 939-944.

Small BC, 2004. Effect of isoeugenol sedation on plasma cortisol, glucose, and lactate dynamics in channel catfish *Ictalurus punctatus* exposed to three stressors [J]. Aquaculture, 238: 469-481.

Soleimani N, Hoseinifar SH, Merrifield DL, et al., 2012. Dietary supplementation of fructooligosaccharide (FOS) improves the innate immune response, stress resistance, digestive enzyme activities and growth performance of Caspian roach (*Rutilus rutilus*) fry [J]. Fish & Shellfish Immunology, 32: 316-321.

Somero GN, 2002. Thermal physiology and vertical zonation of intertidal animals: optima, limits, and costs of living [J]. Integrative and Comparative Biology, 42: 780-789.

Song SK, Beck BR, Kim D, et al., 2014. Prebiotics as immunostimulants in aquaculture: A review [J]. Fish & Shellfish Immunology, 40: 40-48.

Speaker KJ, Cox SS, Paton MM, et al., 2013. Six weeks of voluntary wheel running modulates inflammatory protein (MCP-1, IL-6, and IL-10) and DAMP (Hsp72) responses to acute stress in white adipose tissue of lean rats [J]. Brain, Behavior, and Immunity, 39: 87-98.

Staykov Y, Spring P, Denev S, et al., 2007. Effect of a mannan oligosaccharide on the growth performance and immune status of rainbow trout (*Oncorhynchus mykiss*) [J]. Aquaculture International, 15: 153-161.

Staykov Y, Denev S, Spring P, 2005. Influence of dietary mannan oligosaccharides (Bio-Mos) on growth rate and immune function of common carp (*Cyprinus carpio* L.) [C] // Howell B, Flos R. Lessons from the Past to Optimise the Future. European Aquaculture Society: 431-432.

Steckler T, Kalin NH, Reul JHM, 2005. Handbook of Stress and the Brain Part 1: The Neurobiology of Stress [M]. Amsterdam, The Netherland: Elsevier: 465-487.

Suffredini AF, Fantuzzi G, Badolato R, et al., 1999. New insights into the biology of the acute phase response [J] . Journal of Clinical Immunology, 19: 203-214.

Sun Y, Wen Z, Li X, et al. , 2012. Dietary supplement of fructooligosaccharides and *Bacillus subtilis* enhances the growth rate and disease resistance of the sea cucumber *Apostichopus japonicus* (Selenka) [J] . Aquaculture Research, 43: 1328-1334.

Sun YZ, Yang HL, Ma RL, et al. , 2010. Probiotic applications of two dominant gut *Bacillus* strains with antagonistic activity improved the growth performance and immune responses of grouper *Epinephelus coioides* [J] . Fish & Shellfish Immunology, 29: 803-809.

Sunyer JO, Gómez E, Tort L, et al. , 1995. Physiological responses and depression of humoral components of the immune system in gilthead sea bream (*Sparus aurata*) following daily acute stress [J] . Canadian Journal of Fisheries and Aquatic Sciences, 52: 2339-2346.

Suzer C, Çoban D, Kamaci HO, et al. , 2008. *Lactobacillus* spp. bacteria as probiotics in gilthead sea bream (*Sparus aurata* L.) larvae: Effects on growth performance and digestive enzyme activities [J] . Aquaculture, 280: 140-145.

Suzuki K, 1986. Morphological and phagocytic characteristics of peritoneal exudate cells in tilapia, *Oreochromis niloticus* (Trewavas), and carp, *Cyprinus carpio* L. [J] . Journal of Fish Biology, 29: 349-364.

Szelényi J, 2001. Cytokines and the central nervous system [J] . Brain research bulletin, 54. 329-338.

Takai Y, Wong G, Clark S, et al. , 1988. B cell stimulatory factor-2 is involved in the differentiation of cytotoxic T lymphocytes [J] . The Journal of Immunology, 140: 508-512.

Tamura K, Peterson D, Peterson N, et al. , 2011. MEGA5: molecular evolutionary genetics analysis using maximum likelihood, evolutionary distance, and maximum parsimony methods [J] . Molecular Biology and Evolution, 28: 2731-2739.

Tanaka T, Kishimoto, T, 2012. Targeting interleukin-6: all the way to treat autoimmune and inflammatory diseases [J] . International Journal of Biology Sciences, 8: 1227-1236.

Tasumi S, Ohira T, Kawazoe I, et al. , 2002. Primary structure and characteristics of a lectin from skin mucus of the Japanese eel *Anguilla japonica* [J] . Journal of Biological Chemistry, 277: 27305-27311.

Taylor JF, Needham MP, North BP, et al. , 2007. The influence of ploidy on saltwater adaptation, acute stress response and immune function following seawater transfer in non-smolting rainbow trout [J] . General and Comparative Endocrinology, 152: 314-325.

Thakur M, Dixit VK, 2008. Ameliorative effect of fructo-oligosaccharide rich extract of *Orchis latifolia* Linn. on sexual dysfunction in hyperglycemic male rats [J] . Sexuality and Disability, 26: 37-46.

Torrecillas S, Makol A, Caballero MJ, et al. , 2007. Immune stimulation and improved infection resistance in European sea bass (*Dicentrarchus labrax*) fed mannan oligosaccharides [J] . Fish & Shellfish Immunology, 23: 969-981.

Turner RJ, 1994. Immunology: a comparative approach [J] . John Wiley & Sons Ltd.

Tusnady GE, Simon I, 2001. The HMMTOP transmembrane topology prediction server [J]. Bioinformatics, 17: 849-850.

Ueberschär B, 1993. Measurement of proteolytic enzyme activity: significance and application in larval fish research [M] . University of Bergen Press, Bergen, Norway: 233-238.

Varela M, Dios S, Novoa B, et al., 2012. Characterisation, expression and ontogeny of interleukin-6 and its receptors in zebrafish (*Danio rerio*) [J] . Developmental & Comparative Immunology, 37: 97-106.

Wang CH, Lai P, Chen ME, et al., 2008. Antioxidative capacity produced by *Bifidobacterium* and *Lactobacillus* acidophilus-mediated fermentations of konjac glucomannan and glucomannan oligosaccharides [J] . Journal of the Science of Food and Agriculture, 88: 1294-1300.

Wang T, Huang W, Costa MM, et al., 2011. The gamma-chain cytokine/receptor system in fish: more ligands and receptors [J] . Fish & Shellfish Immunology, 31: 673-687.

Wang W, Vinocur B, Shoseyov O, et al., 2004. Role of plant heat-shock proteins and molecular chaperones in the abiotic stress response [J] . Trends in Plant Science, 9: 244-252.

Wang X, Wang L, Yao C, et al., 2012. Alternation of immune parameters and cellular energy allocation of Chlamys farreri under ammonia-N exposure and *Vibrio anguillarum* challenge [J] . Fish & Shellfish Immunolog, 32: 741-749.

Wang YB, 2007. Effect of probiotics on growth performance and digestive enzyme activity of the shrimp *Penaeus vannamei* [J] . Aquaculture, 269: 259-264.

Werner I, Clark S, Hinton D, 2003. Biomarkers aid understanding of aquatic organism responses to environmental stressors [J] . California Agriculture, 57: 110-115.

Wojtaszek P, 1997. Oxidative burst: an early plant response to pathogen infection [J]. Biochemical Journal, 322: 681-692.

Wu CX, Zhao FY, Zhang Y, et al., 2012. Overexpression of Hsp90 from grass carp (*Ctenopharyngodon idella*) increases thermal protection against heat stress [J] . Fish & Shellfish Immunology, 1: 42-47.

Wu Y, Liu WB, Li HY, et al., 2013. Effects of dietary supplementation of fructooligosaccharide on growth performance, body composition, intestinal enzymes activities and histology of blunt snout bream (*Megalobrama amblycephala*) fingerlings [J] . Aquaculture Nutrition, 19: 886-894.

Xian JA, Wang AL, Tian JX, et al., 2009. Morphologic, physiological and immunological changes of haemocytes from *Litopenaeus vannamei* treated by lipopolysaccharide [J]. Aquaculture, 298: 139-145.

Xu B, Wang Y, Li J, et al. , 2009. Effect of prebiotic xylooligosaccharides on growth performances and digestive enzyme activities of allogynogenetic crucian carp (*Carassius auratus gibelio*) [J] . Fish Physiology and Biochemistry, 35: 351-357.

Yagi R, Doi M, 1999. Isolation of an antioxidative substance produced by *Aspergillus repens* [J] . Bioscience, Biotechnology, and Biochemistry, 63: 932-933.

Yanbo W, Zirong X, 2006. Effect of probiotics for common carp (*Cyprinus carpio*) based on growth performance and digestive enzyme activities [J] . Animal Feed Science and Technology, 127: 283-292.

Yang SC, Chen JY, Shang HF, et al. , 2005. Effect of synbiotics on intestinal microflora and digestive enzyme activities in rats [J] . World Journal of Gastroenterology, 11: 7413-7417.

Yasui H, Ohwaki M, 1991. Enhancement of Immune Response in Peyer's Patch Cells Cultured with *Bifidobacterium* breve [J] . Journal of Dairy Science, 74: 1187-1195.

Ye JD, Wang K, Li FD, et al. , 2011. Single or combined effects of fructo-and mannan oligosaccharide supplements and *Bacillus clausii* on the growth, feed utilization, body composition, digestive enzyme activity, innate immune response and lipid metabolism of the Japanese flounder *Paralichthys olivaceu*s [J] . Aquaculture Nutrition, 17: e902-e911.

Yilmaz E, Genc MA, Genc E, 2007. Effects of dietary mannan oligosaccharides on growth, body composition, and intestine and liver histology of rainbow trout, *Oncorhynchus mykiss* [J] . The Israeli Journal of Aquaculture, 59: 182-188.

Yoshida T, Kruger R, Inglis V, 1995. Augmentation of non-specific protection in African catfish, *Clarias gariepinus* (Burchell), by the long-term oral administration of immunostimulants [J] . Journal of Fish Diseases, 18: 195-198.

Younes H, Garleb KA, Behr SR, et al. , 1998. Dietary fiber stimulates the extra-renal route of nitrogen excretion in partially nephrectomized rats [J] . The Journal of Nutritional Biochemistry, 9: 613-620.

Zhang C, 1994. The effects of polysaccharide and phycocyanin from *Spirulina platensis* variety on peripheral blood and hematopoietic system of bone marrow in mice [J] . Second Asia Pacific Conference on Alga Biotechnology, 4: 25-27.

Zhang CN, Li XF, Xu WN, et al. , 2013. Combined effects of dietary fructooligosaccharide and *Bacillus licheniformis* on innate immunity, antioxidant capability and disease resistance of triangular bream (*Megalobrama terminalis*) [J] . Fish & Shellfish Immunology, 35: 1380-1386.

Zhang J, Liu Y, Tian L, et al. , 2012. Effects of dietary mannan oligosaccharide on growth performance, gut morphology and stress tolerance of juvenile Pacific white shrimp, *Litopenaeus vannamei* [J] . Fish & Shellfish Immunology, 33: 1027-1032.

Zhang Q, Ma H, Mai K, et al. , 2010. Interaction of dietary *Bacillus subtilis* and fructooligosaccharide on the growth performance, non-specific immunity of sea cucumber, *Apostichopus japonicus* [J]. Fish & Shellfish Immunology, 29: 204-211.

Zhang Q, Tan B, Mai K, et al., 2011. Dietary administration of *Bacillus* (*B. licheniformis* and *B. subtilis*) and isomaltooligosaccharide influences the intestinal microflora, immunological parameters and resistance against *Vibrio alginolyticus* in shrimp, *Penaeus japonicus* (Decapoda: Penaeidae) [J]. Aquaculture Research, 42: 943-952.

Zhao J, Liu Y, Jiang J, et al., 2012. Effects of dietary isoleucine on growth, the digestion and absorption capacity and gene expression in hepatopancreas and intestine of juvenile Jian carp (*Cyprinus carpio* var. Jian) [J]. Aquaculture, 368-369: 117-128.

Zhou J, Wang WN, Wang AL, et al., 2009. Glutathione S-transferase in the white shrimp *Litopenaeus vannamei*: Characterization and regulation under pH stress [J]. Comparative Biochemistry and Physiology Part C: Toxicology & Pharmacology, 150: 224-230.

Zhou QC, Buentello JA, Gatlin DM. 2010. Effects of dietary prebiotics on growth performance, immune response and intestinal morphology of red drum (*Sciaenops ocellatus*) [J]. Aquaculture, 309: 253-257.

Zhou Z, Ding Z, Huiyuan L. 2007. Effects of Dietary Short-chain Fructooligosaccharides on Intestinal Microflora, Survival, and Growth Performance of Juvenile White Shrimp, *Litopenaeus vannamei* [J]. Journal of the World Aquaculture Society, 38: 296-301.

Zhou Z, Ren Z, Zeng H, et al., 2008. Apparent digestibility of various feedstuffs for bluntnose black bream *Megalobrama amblycephala* Yih [J]. Aquaculture Nutrition, 14: 153-165.

图书在版编目（CIP）数据

果寡糖在水产养殖中的应用研究/张春暖，齐茜，王冰柯著 . —北京：中国农业出版社，2022.8
　ISBN 978-7-109-29835-4

　Ⅰ.①果… Ⅱ.①张… ②齐… ③王… Ⅲ.①果糖—寡糖—应用—水产养殖—研究 Ⅳ.①S96

中国版本图书馆 CIP 数据核字（2022）第 149464 号

中国农业出版社出版

地址：北京市朝阳区麦子店街 18 号楼
邮编：100125
责任编辑：肖　邦　王金环
版式设计：杜　然　责任校对：吴丽婷
印刷：北京中兴印刷有限公司
版次：2022 年 8 月第 1 版
印次：2022 年 8 月北京第 1 次印刷
发行：新华书店北京发行所
开本：700mm×1000mm　1/16
印张：11
字数：207 千字
定价：60.00 元